"十四五"高等教育机电类专业系列教材

SOLIDWORKS 三维建模及工程图实例教程

李玏一◎主　编
曹　默　李　凯◎副主编
严海军◎主　审

中国铁道出版社有限公司
CHINA RAILWAY PUBLISHING HOUSE CO., LTD.

内 容 简 介

本书根据教育部高等学校工科基础课程教学指导委员会工程图学课程教学指导分委员会、中国图学学会制图技术专业委员会、中国图学学会产品信息建模专业委员会 2023 年颁布的《全国大学生先进成图技术与产品信息建模创新大赛机械类考试大纲》相关要求，结合编者自 2011 年以来在"工程制图"课程教学中引入 SOLIDWORKS 软件进行三维建模及机绘工程图的实践教学经验编写而成。全书详细介绍了草图绘制、零件建模、装配体建模、零件图及装配图的绘制等各项功能的使用方法和操作技巧。

在内容设计上，本书以一套"低速滑轮装置"作为讲解主线，贯穿各章节命令讲解的始终，引导读者跟随内容讲解进行操作，完成该装置从零件建模、装配体建模到零件图绘制、装配图绘制的全过程。在此基础上，本书还以一套"球阀"装置和一套"钻模"装置作为练习主线，引导读者通过这两套装置的学习和练习，熟练掌握本书内容。

本书适合作为高等院校机类、近机类、非机类专业的教材，也可作为"工程制图"课程中有关机绘内容的辅助教材，以及 SOLIDWORKS 爱好者的参考书。

图书在版编目（CIP）数据

SOLIDWORKS 三维建模及工程图实例教程 / 李玏一主编. -- 北京：中国铁道出版社有限公司，2025.2.
（"十四五"高等教育机电类专业系列教材）. -- ISBN 978-7-113-31810-9
Ⅰ. TH122
中国国家版本馆 CIP 数据核字第 2025UL7664 号

书　　名：SOLIDWORKS 三维建模及工程图实例教程
作　　者：李玏一

策　　划：何红艳　　　　　　　　编辑部电话：（010）63560043
责任编辑：何红艳　彭立辉
封面设计：刘　颖
责任校对：安海燕
责任印制：赵星辰

出版发行：中国铁道出版社有限公司（100054，北京市西城区右安门西街 8 号）
网　　址：https://www.tdpress.com/51eds
印　　刷：北京联兴盛业印刷股份有限公司
版　　次：2025 年 2 月第 1 版　　2025 年 2 月第 1 次印刷
开　　本：787 mm×1 092 mm 1/16　　印张：16　　字数：408 千
书　　号：ISBN 978-7-113-31810-9
定　　价：49.80 元

版权所有　侵权必究

凡购买铁道版的图书，如有印制质量问题，请与本社教材图书营销部联系调换。电话（010）63550836
打击盗版举报电话：（010）63549461

前　言

　　SOLIDWORKS 软件是法国达索系统公司研发的一款基于 Windows 平台的机械设计软件。该软件具有三维零件造型、装配设计、工程图生成、仿真分析和数据管理等多项功能，且界面友好，易于上手，是机械、模具、航空航天、船舶、汽车等各领域设计人员广泛使用的软件之一。

　　本书根据教育部高等学校工科基础课程教学指导委员会工程图学教学指导分委员会、中国图学学会制图技术专业委员会、中国图学学会产品信息建模专业委员会 2023 年颁布的《全国大学生先进成图技术与产品信息建模创新大赛机械类考试大纲》相关要求，结合编者自 2011 年以来在"工程制图"课程教学中引入 SOLIDWORKS 软件进行三维建模及机绘工程图的实践教学经验编写而成。

　　本书适合作为高等院校机类、近机类、非机类专业的教材，也可作为"工程制图"课程中有关机绘内容的辅助教材，与课堂教学同步学习，可弥补学生空间想象能力不足的缺憾。全书共分 6 章，各章内容及其与课堂教学内容的对应关系如下：

①基本环境。

②草图：对应尺规绘图、尺寸标注。

③零件建模：对应基本体、组合体、轴测图。

④装配体建模：对应标准件、装配图。

⑤零件图绘制：对应图样画法、零件图。

⑥装配图绘制：对应装配图。

　　根据编者的教学经验，机绘工程图对初学者而言难度较大，没有详细的图文和手把手的操作视频，初学者很难掌握。故本书对零件图及装配图的绘制讲解得非常详细，内容涵盖了工程图的每个细节，读者通过边学边练，很快就能掌握工程图的绘制方法。学习过程中，读者既可以使用自己循序渐进创建的文件进行后续操作，体验成就感，也可以使用本书提供的素材（从中国铁道出版社教育资源数字化平台 https://www.tdpress.com/51eds 下载），从而避免前期操作不当造成后续跟练困难的情况。本书以 SOLIDWORKS 2022 版本为平台进行讲解，若使用不同版本的软件，在实际操作过程中会有所出入，请操作时加以注意。书中所有内容均配有视频讲解，视频累计时长约 500 分钟，使得学习更直观、清晰，容易跟练。

　　本书由北方工业大学李玏一任主编，曹默、李凯任副主编。其中，李玏一编写了

第 1~4 章，李凯编写了第 5 章，曹默编写了第 6 章，李劢一负责统稿和定稿。全书由严海军主审。

由于编者水平有限，疏漏与不妥之处在所难免，恳请读者与专家批评指正，联系方式 lileyi@ncut.edu.cn。

编　者
2024 年 9 月

目 录

第1章　基本环境 ·· 1
  1.1　主界面介绍 ·· 1
  1.2　鼠标应用 ·· 5
  1.3　文件存取 ·· 6
  练习题 ·· 7

第2章　草图 ··· 8
  2.1　引例 ·· 8
  2.2　草图绘制概述 ·· 11
    2.2.1　默认基准面 ·· 11
    2.2.2　命令的启动和结束 ·· 12
    2.2.3　推理线 ·· 12
    2.2.4　选取和删除 ·· 12
  2.3　草图绘制与编辑 ·· 13
    2.3.1　常用绘图命令 ·· 13
    2.3.2　常用编辑命令 ·· 14
  2.4　设计意图 ·· 16
  2.5　几何关系 ·· 16
  2.6　尺寸标注 ·· 18
    2.6.1　智能尺寸 ·· 18
    2.6.2　标注尺寸 ·· 18
    2.6.3　草绘时显示数字输入 ·· 19
    2.6.4　尺寸关系冲突 ·· 19
  2.7　绘制草图注意事项 ·· 21
  2.8　草图实例 ·· 21
  练习题 ·· 29

第3章　零件建模 ·· 31
  3.1　拉伸 ·· 31
    3.1.1　拉伸各属性的含义 ·· 31
    3.1.2　拉伸特征的创建 ·· 34
  3.2　圆角/倒角 ·· 35
    3.2.1　圆角各属性的含义 ·· 35
    3.2.2　倒角各属性的含义 ·· 38
    3.2.3　创建倒角/圆角特征 ·· 40
  3.3　镜像 ·· 42
    3.3.1　镜像各属性的含义 ·· 42
    3.3.2　镜像特征的创建 ·· 43

3.4 简单直孔/异型孔向导 ································· 45
3.4.1 简单直孔各属性的含义 ························· 45
3.4.2 异型孔向导各属性的含义 ······················ 46
3.4.3 孔特征的创建 ·································· 46
3.5 筋 ·· 48
3.5.1 筋各属性的含义 ································ 48
3.5.2 筋特征的创建 ·································· 49
3.6 旋转 ··· 50
3.6.1 旋转各属性的含义 ······························ 50
3.6.2 旋转特征的创建 ································ 51
3.6.3 装饰螺纹线各属性的含义 ····················· 53
3.6.4 装饰螺纹线的添加 ····························· 53
3.7 扫描 ··· 55
3.7.1 扫描各属性的含义 ······························ 55
3.7.2 扫描特征的创建 ································ 56
3.8 基准面 ·· 58
3.8.1 基准面各属性的含义 ··························· 58
3.8.2 基准面的创建 ··································· 59
3.9 阵列 ··· 62
3.9.1 线性阵列各属性的含义 ························ 62
3.9.2 圆形阵列各属性的含义 ························ 64
3.9.3 扫描及阵列特征的创建 ························ 64
3.10 放样 ·· 68
3.10.1 放样各属性的含义 ····························· 68
3.10.2 放样特征的创建 ······························· 69
3.11 抽壳 ·· 72
3.11.1 抽壳各属性的含义 ····························· 72
3.11.2 抽壳特征的创建 ······························· 72
3.12 模型创建实例 ··································· 74
3.12.1 轴 ·· 74
3.12.2 叉架 ··· 79
3.12.3 阀体 ··· 86
3.13 质量属性 ··· 91
练习题 ··· 94

第4章 装配体建模 **99**
4.1 创建装配体 ······································· 99
4.1.1 新建装配体文件 ·································· 99
4.1.2 插入零部件 ····································· 101
4.1.3 配合的类型 ····································· 104
4.1.4 添加配合的方式 ································ 105
4.1.5 调用标准件 ····································· 108

         4.1.6　打包装配体文件 113
    4.2　装配体管理 114
         4.2.1　零部件的复制 114
         4.2.2　零部件状态更改 116
         4.2.3　子装配体 118
         4.2.4　配合关系的管理 120
         4.2.5　零部件的替换 121
    4.3　装配体评估 122
         4.3.1　装配体质量 123
         4.3.2　干涉检查 123
    4.4　零件编辑 125
    4.5　装配体爆炸视图 126
         4.5.1　创建爆炸视图 126
         4.5.2　展示爆炸视图 128
         4.5.3　编辑爆炸视图 131
    4.6　装配体实例——球阀 134
    练习题 140

第5章　零件图绘制 142
    5.1　工程图概述 142
         5.1.1　工程图环境 142
         5.1.2　图纸格式 142
         5.1.3　工程图模板 144
         5.1.4　创建工程图文件 146
    5.2　零部件属性 149
    5.3　工程图视图 151
         5.3.1　主视图 151
         5.3.2　其他标准视图 156
         5.3.3　向视图 158
         5.3.4　斜视图 159
         5.3.5　局部视图 160
         5.3.6　局部放大图 161
         5.3.7　断裂视图 161
    5.4　剖视图 163
         5.4.1　全剖视图 163
         5.4.2　半剖视图 165
         5.4.3　局部剖视图 167
         5.4.4　阶梯剖视图 168
         5.4.5　旋转剖视图 169
    5.5　断面图 170
    5.6　使用草图工具绘制工程图 171
         5.6.1　图层的使用方法 171

5.6.2 在视图中绘制图线 ·· 173
　　5.6.3 使用空白视图绘制图形 ·· 174
5.7 工程图视图编辑 ·· 176
　　5.7.1 视图的属性 ·· 176
　　5.7.2 对称中心线与轴线 ·· 176
5.8 工程图标注与技术要求 ·· 180
　　5.8.1 尺寸标注 ·· 181
　　5.8.2 尺寸公差 ·· 183
　　5.8.3 标准公差标注 ·· 185
　　5.8.4 配合标注 ·· 187
　　5.8.5 注释与文字标注 ·· 187
　　5.8.6 表面粗超度标注 ·· 188
　　5.8.7 基准与几何公差标注 ·· 190
　　5.8.8 剖面线的添加与编辑 ·· 193
　　5.8.9 模型属性关联 ·· 194
5.9 零件图绘制实例 ·· 195
　　5.9.1 工程图绘制的一般步骤 ·· 195
　　5.9.2 轴类零件图 ·· 195
　　5.9.3 盘盖类零件图 ·· 199
　　5.9.4 箱体类零件图 ·· 203
练习题 ··· 212

第6章 装配图绘制 ·· **216**

6.1 装配图视图的创建 ·· 216
　　6.1.1 装配图创建 ·· 216
　　6.1.2 视图剖切及螺纹显示 ·· 219
　　6.1.3 尺寸标注 ·· 223
　　6.1.4 爆炸视图表达 ·· 223
6.2 材料明细表和零件序号 ·· 225
　　6.2.1 插入材料明细表 ·· 225
　　6.2.2 插入零件序号 ·· 230
6.3 标题栏和技术要求 ·· 234
6.4 装配图实例——球阀 ·· 235
　　6.4.1 创建基本视图 ·· 235
　　6.4.2 添加和使用零件配置 ·· 239
　　6.4.3 尺寸标注 ·· 241
　　6.4.4 添加零件属性 ·· 242
　　6.4.5 添加附加信息 ·· 244
　　6.4.6 交替位置视图 ·· 245
练习题 ··· 245

参考文献 ··· **247**

第 1 章 基本环境

SOLIDWORKS 基本环境包括软件的操作界面、鼠标的应用、文件的存取等，了解基本环境是熟练使用该软件的基础。

学习目标

- 熟悉 SOLIDWORKS 操作环境。
- 掌握系统选项的含义及设置方法。
- 能熟练运用工具栏、视图框、鼠标等进行视图操作。

1.1 主界面介绍

1. 启动软件

双击桌面上的快捷方式图标 ，启动 SOLIDWORKS，启动后打开图 1-1 所示的欢迎对话框，单击 按钮，打开图 1-2 所示的新建文件对话框。

视频

基本环境

图 1-1 欢迎对话框

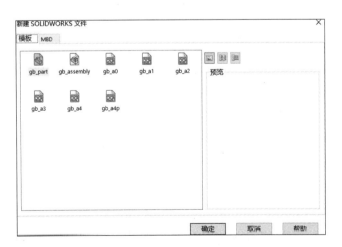

图 1-2 新建文件对话框

选择 ，单击"确定"按钮，即可创建新的零件文件。为了全面展示零件环境下的主界面，可单击图 1-1 中的 打开按钮，打开素材文件"泵体.SLDPRT"，如图 1-3 所示。

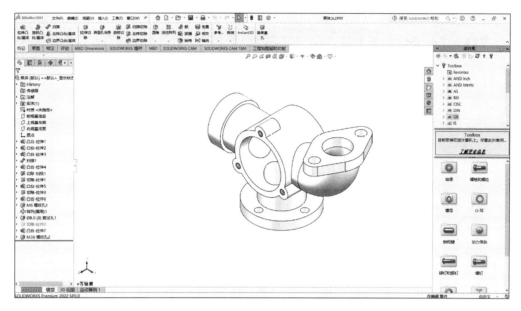

图 1-3　零件环境下的主界面

2. 环境主界面介绍

SOLIDWORKS 主界面分为多个区域，主要有菜单栏、工具栏、管理器窗口、前导工具栏、工作区域、帮助、任务窗格、状态栏等。

（1）菜单栏

菜单栏基本包括了 SOLIDWORKS 所有的命令，SOLIDWORKS 2022 继承了之前版本的风格，采用伸缩式菜单，如图 1-4 所示。如果需要固定菜单，可单击菜单最右侧的图钉按钮，将菜单栏锁定，再次单击后又变回伸缩方式。

图 1-4　菜单栏

（2）工具栏

工具栏显示最常用的命令组合，如图 1-5 所示。SOLIDWORKS 中通过分组对这些命令进行管理，所以工具栏又称为 CommandManager。如果当前工作状态下某个命令不可使用，则其显示为灰色状态。

图 1-5　工具栏

SOLIDWORKS 中默认显示的是常用命令，由于使用环境的不同，不同的使用者所使用的常用命令会有所差异，此时可根据需要自定义工具栏，以匹配所需。右击工具栏的任意位置，选择"自定义"命令，在打开的"自定义"对话框中选择"命令"选项卡，如图 1-6 所示。该选项卡中列出了 SOLIDWORKS 的所有命令，如果需要在工具栏新增某个命令，按住鼠标左键将其拖至相应的工具栏中松开鼠标即可；如果不需要某个命令，在工具栏中按住鼠标左键将其拖离工具栏即可。

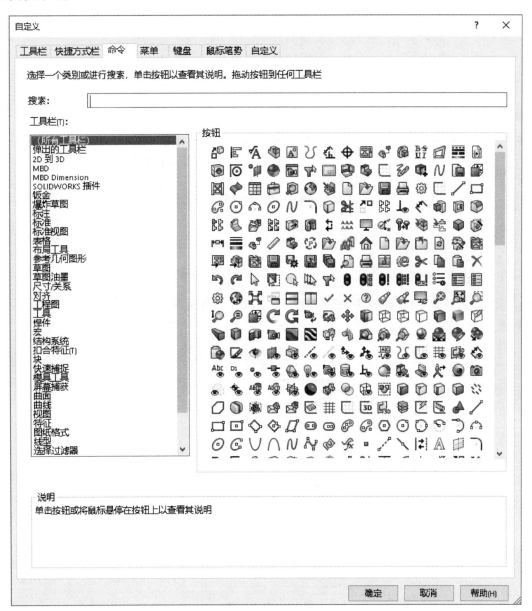

图 1-6 "自定义"对话框

（3）管理器窗口

模型管理器窗口包含多个工具（见图 1-7），包括 FeatureManager 设计树、PropertyManager、

ConfigurationManager、DimXpertManager、DisplayManager 等，其中前两个工具是建模过程中使用频率最高的工具。

①FeatureManager 设计树：SOLIDWORKS 在 FeatureManager 设计树中记录着建模的所有特征要素，包括草图、特征、装配关系、材质等，模型的建模思路可以在设计树中看到。

②PropertyManager：SOLIDWORKS 中的各种建模命令均有进一步的参数选项，这些参数选项在 PropertyManager 列出，使用时无须专门切换到该工具，系统会根据所选命令自动切换。当选择一个已有的实体对象时，在该工具中会显示出该对象的相关属性供查看或修改。

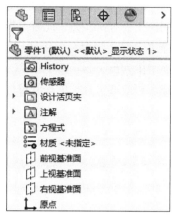

图 1-7　模型管理器

（4）前导工具栏

前导工具栏是一个透明的工具栏，位于工作区域的顶部，如图 1-8 所示，主要包括常用的与视图相关的操作命令。部分命令图标的右侧有一个下拉按钮，如 ▼，单击下拉按钮可显示与该命令相关的其他命令选项。

图 1-8　前导工具栏

（5）任务窗格

任务窗格集中了建模过程中的附加资源、工具，如在线资源 ⌂、设计库 ⯐、文件探索器 ▯、视图调色板 ▯、外观/布景/贴图 ● 和自定义属性 ▯ 等资源，如图 1-9 所示，操作过程中根据需要进行选用。

图 1-9　任务窗格

（6）状态栏

状态栏位于窗口最下侧，主要用于显示各类工作状态、提示信息，如当前点坐标、约束是否定义过等。

1.2 鼠标应用

SOLIDWORKS 中的鼠标操作主要分为两类：一类为基本操作；另一类为鼠标笔势。

1. 基本操作

①左键：用于选择对象。
②右键：用于激活相关联的快捷菜单。
③中键：用于动态地平移、旋转和缩放目标。
④旋转：按下鼠标中键不松开，拖动鼠标。
⑤平移：按下 <Ctrl> 键，同时按下鼠标中键平移鼠标。
⑥缩放：滚动鼠标中键，以鼠标指针为中心进行缩放。
⑦适合窗口大小：双击鼠标中键，可将当前内容重新充满窗口显示。

2. 鼠标笔势

鼠标笔势是根据鼠标在屏幕上的移动方向自动对应到相应的命令，按住右键并拖动且有所停顿时会出现笔势选择圈供选择，如图 1-10 所示。熟悉后可快速拖动较长距离，以便直接选择命令提高效率。

鼠标笔势在草图、零件、装配、工程图环境中对应着不同的命令选择。鼠标笔势对应的功能也可自定义，在工具栏任意位置右击，选择"自定义"命令，在打开的对话框中选择"鼠标笔势"选项卡，如图 1-11 所示。可以选择笔势的数量，常用的有 4 笔势与 8 笔势，分别代表鼠标的 4 个方向与 8 个方向，将左侧所需定义的命令通过鼠标拖放至右侧对应的笔势方向即可完成定义，熟悉后可以选择 12 笔势设置常用命令工具，以便对应到尽量多的命令。

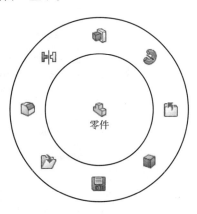

图 1-10 鼠标笔势

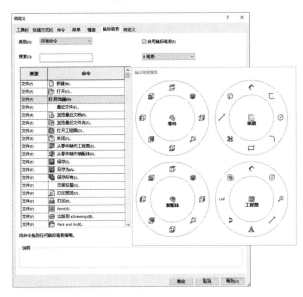

图 1-11 自定义鼠标笔势

1.3 文件存取

在图1-1所示对话框中选择"零件"或"装配体"模板后,系统根据模板的定义创建一个新文件,新文件需要保存时可单击工具栏中的"保存"按钮,打开如图1-12所示的"另存为"对话框,选择合适的保存目录,输入所需的文件名,单击"保存"按钮即可完成文件的保存。

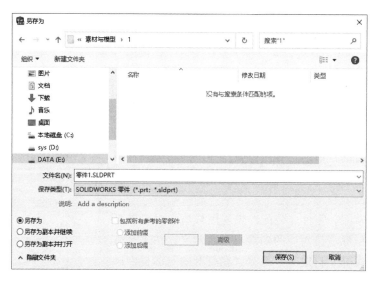

图1-12 保存文件

SOLIDWORKS中主要有3种文件格式,分别是零件(.sldprt)、装配体(.sldasm)、工程图(.slddrw)。

需要打开一个已有文件时,单击工具栏中的"打开"按钮,打开如图1-13所示对话框,选择要打开的文件,单击"打开"按钮,所选文件即可载入工作区域。

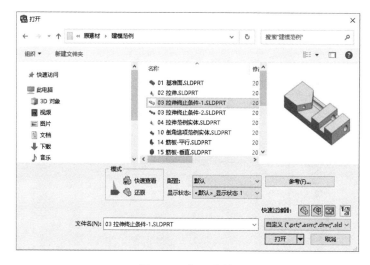

图1-13 打开文件

练习题

一、简答题

1. SOLIDWORKS 的文件主要有哪几种文件格式？
2. 如何对工具栏命令进行增减？

二、操作题

1. 打开素材文件"泵体.SLDPRT"，对模型进行旋转、平移和缩放。
2. 将"分割"按钮添加到工具栏的"特征"组中。
3. 将"鼠标笔势"更改为"8笔势"，并将命令"直槽口"对应至"草图"笔势的向下方向。

第 2 章　草　图

SOLIDWORKS 二维草图用于生成三维特征。相同的草图，可以经由拉伸、旋转、扫描、放样等命令生成不同的三维特征，因而草图是建模的基础。

学习目标

- 了解基准面的概念。
- 掌握草图的基本绘制与编辑。
- 熟悉草图元素的约束、尺寸标注操作方法。
- 熟练处理草图中的约束冲突。

2.1　引　例

本节以图 2-1 所示模型为例，介绍模型创建基本步骤，以便读者目的清晰地学习各步骤中的命令。

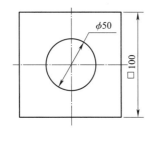
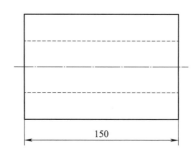
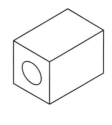

图 2-1　引例

模型创建过程如下：

①新建零件。单击工具栏中的"新建"按钮 或选择菜单栏中的"文件"→"新建"命令，在打开的图 1-2 所示对话框中选择 ，进入零件主界面。

②选择基准面。选择"前视基准面"作为草图基准面，单击设计树中的"前视基准面"时系统会弹出如图 2-2 所示的关联工具栏，单击"草图绘制"按钮 ，进入草图绘制状态。

③进入草图环境。系统进入草图绘制状态，工具栏自动切换至"草图"项，如图 2-3 所示。"退出草图"按钮处于按下状态，图形区域右上角有"确定" 与"取消" 按钮。

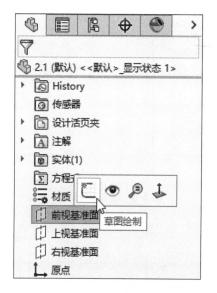

图 2-2　选择基准面

图 2-3　进入草图

④绘制草图。单击工具栏中的"草图"→"边角矩形" □ ▾ 右侧的下拉按钮，选择"中心矩形" ▣ ，以原点为中心绘制矩形；单击工具栏中的"草图"→"圆形"按钮 ⊙ ，以原点为圆心绘制圆，结果如图 2-4 所示。绘制时不要过度关注草图是否与要求一致，只需要大体形状相似即可，后续会通过尺寸约束进行定义，这也是参数化与非参数化的根本区别之一。

⑤添加几何关系。为保证直线的水平、两直线间的平行等，需要对已绘制元素进行几何关系的添加。在绘制时，系统会智能地添加合适的几何关系，图 2-4 中的绿色方块图标表示了系统自动添加

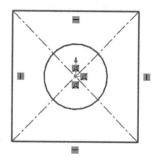

图 2-4　绘制草图

的直线的水平、竖直、点的重合等几何关系，这些关系已部分满足设计要求，现只需添加边长相等的约束，将矩形约束为正方形即可。

按住 <Ctrl> 键，用鼠标选择矩形长边与短边后再松开，弹出如图 2-5（a）所示的关联工具栏，单击"使相等"按钮 ═，结果如图 2-5（b）所示。

⑥添加尺寸关系。单击工具栏中的"草图"→"智能尺寸"按钮 ⌀ ，分别标注正方形边长与圆直径，标注尺寸时系统打开出如图 2-6（a）所示的"修改"对话框，在该对话框中输入所需尺寸，草图将根据输入尺寸自动调整形状，结果如图 2-6（b）所示。

注意：通过双击尺寸可以对已标注的尺寸进行修改。

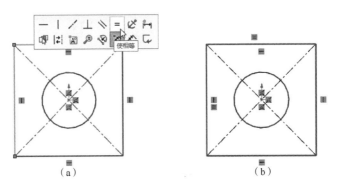

图 2-5　添加几何关系

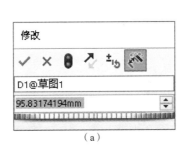
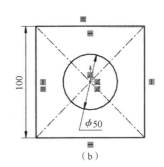

图 2-6　添加尺寸关系

⑦拉伸特征。单击工具栏中的"特征"→"拉伸凸台/基体"按钮，如图 2-7（a）所示，终止条件选择"给定深度"，深度输入值 150 mm，结果如图 2-7（b）所示。

⑧保存文件。

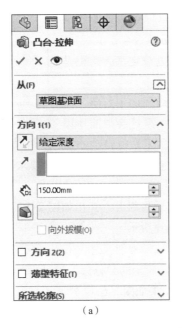
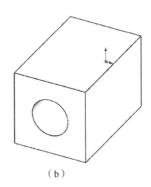

图 2-7　拉伸实体

2.2 草图绘制概述

草图绘制概述

2.2.1 默认基准面

基准面是草图的绘制平面,系统默认提供 3 个基准面:前视基准面、上视基准面和右视基准面。草图绘制平面可以选择默认的基准面,也可以选择已有实体特征的表面或新创建的基准面。在从无到有创建第一个特征时,往往选用默认基准面进行草图绘制。

用户可以根据所需的默认放置效果选择不同的基准面进行草绘。就 2-1 节引例中的拉伸特征而言,依次选择前视、上视和右视基准面作为草图平面,其默认放置效果如图 2-8 所示。

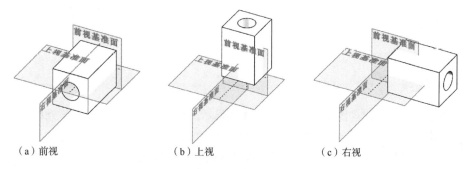

(a) 前视　　　　　　　(b) 上视　　　　　　　(c) 右视

图 2-8　选择不同草图平面的效果

用户可以在不同的草绘平面上绘制不同的草图,生成同一个零件。如图 2-9 所示,100×50×20 的长方体,选择前视基准面进行草绘,需绘制 100×20 的矩形,拉伸深度为 50。若选择上视基准面进行草绘,则绘制 100×50 的矩形,拉伸深度为 20。

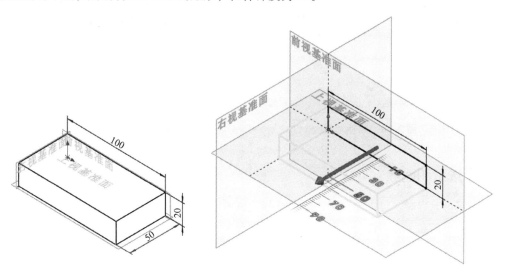

图 2-9　特征与基准的关系

实际操作中选择哪个基准面取决于多方面的因素,要综合考虑基准、参考、编辑等基本因素。

2.2.2 命令的启动和结束

1. 命令的启动

方法一：通过单击命令按钮启动。启动后可通"单击+单击"或"单击+拖动"的方式完成图形元素的绘制。例如，在工具栏中单击"边角矩形"按钮 ▭，然后通过两次单击，分别确定矩形两个角点的位置确定矩形的形状和位置，也可以单击后不松手，直接拖动鼠标至目标位置，完成边角矩形的绘制。

方法二：使用鼠标笔势启动。在绘图窗口空白处按下鼠标右键不松开，并稍作移动，打开如图2-10所示的鼠标笔势窗口，在窗口内继续向命令按钮方向移动鼠标，激活该命令。

2. 命令的结束

方法一：双击鼠标左键结束命令。使用该方式结束命令后，系统默认仍执行上一命令。

方法二：按键盘上的 <Esc> 键退出。使用该方式结束命令后，需要重新选择草绘命令执行新的草绘。

2.2.3 推理线

在绘图过程中，会出现图2-11所示的以虚线显示的推理线，可以推测用户意图，帮助用户更方便地定位所绘图形。一些推理线会捕捉到确切的几何关系，如平行、垂直、同心、相切等，其他推理线只是简单地作为绘图过程中指引线或参考线来使用。

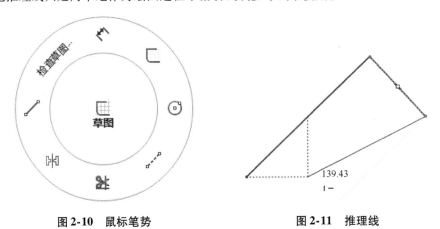

图2-10 鼠标笔势　　　　图2-11 推理线

2.2.4 选取和删除

选取图形元素时，可以逐一单击进行选择，也可以框选。框选分为自左上向右下方向进行框选和自右下向左上方向进行框选。两者的区别在于：使用前一方式，图形被完整框选到才会被选中，而使用后一方式，只要部分图形位于选框中，整个图形即被选中。如图2-12所示，使用后方式进行选择，则会选中全部三条直线。

删除图形元素时，只需要将其选中并按 <Delete> 键即可。也可右击图形，在弹出的快捷菜单中选择"删除"命令。

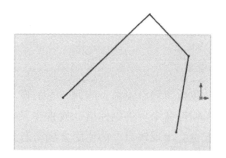

图 2-12 选取直线

2.3 草图绘制与编辑

2.3.1 常用绘图命令

常用的草图绘制命令包括直线、矩形、圆、多边形、文字等，如图 2-13 所示。将鼠标指针放置在某一命令图标上稍作停留，即可在图标下方出现该命令的使用方法动态演示。可按照 2.2.2 节讲述的方法使用各个命令。

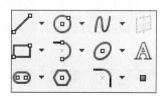

图 2-13 常用的绘图命令

部分命令的右侧带有下拉按钮，单击该按钮，可显示该命令的不同执行方式或相近命令，如图 2-14（a）所示。此外，在属性管理器中也会显示各种命令执行方式，并显示其使用方法的步骤，如图 2-14（b）所示，属性管理器中会以数字显示鼠标各次单击的位置，引导用户完成图形绘制。

（a）

（b）

图 2-14 关联命令

绘图时，直线和圆弧之间可快速进行切换。当直线后接圆弧时，绘制直线后可不退出直线命令，直接将鼠标移出直线终点，而后移回直线终点并再次移开，便可绘制直线的相切圆弧。

将鼠标移向终点的左上、左下、右上、右下 4 个不同方向,可分别绘制不同的相切圆弧,如图 2-15 所示。

2.3.2 常用编辑命令

常用的草图编辑命令包括剪裁、镜像、阵列、等距等,如图 2-16 所示。单击命令右侧的下拉按钮,可以选择相近命令。将鼠标指针放置在某一命令图标上稍作停留,与绘图命令一样,在图标下方也会出现该命令的使用方法动态演示。

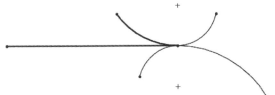

图 2-15 直线与圆弧连续绘制　　　　图 2-16 常用的草图编辑命令

① 剪裁实体:该命令中常用的"强劲剪裁"可以剪裁掉多余的草图线条。单击该命令,按住鼠标左键并拖动,会出现灰色轨迹线,使轨迹线穿过欲删除的线条,即可完成相应剪裁。

② 等距实体:该命令可以将已有草图实体沿其法向偏移指定距离。单击"等距实体",在属性管理器中输入要偏移的距离,并按需选择选项,即可对选中的草图实体进行等距偏移,如图 2-17 所示。

图 2-17 等距实体

③ 镜像实体:该命令用来镜像预先存在的草图实体,如果更改被镜像的实体,则其镜像图像也会随之更改。单击"镜像实体",打开如图 2-18 所示的属性管理器。

注意:在为指定对话框选择对象时,需要首先将该对话框选中,否则在绘图区中所选对象仍被选至上一对话框。如图 2-18(a)所示,选择"镜像轴"之前,需要先单击镜像轴文本框,将其选中[此时文本框被着色显示,如图 2-18(b)所示],再到绘图区域选择轴线。

④ 线性草图阵列:该命令可将草图中的图形生成线性排列。单击"线性草图阵列",在

属性管理器中输入图 2-19 所示数据，即可对小圆实现 X、Y 两个方向，总数为 30 的线性阵列，并跳过图中所示的实例。

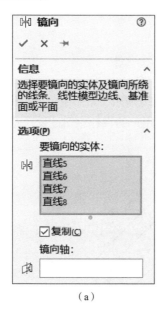
（a）

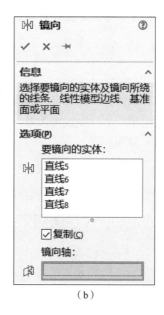
（b）

图 2-18　镜像实体

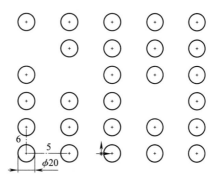

图 2-19　线性阵列属性管理器

注意：命令中选项"方向2"内间距 参数值初始状态为灰色，不可更改，只有在实例数 大于1时方可更改。此外，"要阵列的实体"和"可跳过的实例"也均需要先单击该对话框将其选中，再到图形窗口中为其选择对象。

2.4 设 计 意 图

用户希望完成的最终目标即为设计意图。如图2-20所示，草图中包含了长度尺寸、角度尺寸、直线水平、线线相互平行等多种关系，这些均为用户的设计意图。设计意图可通过几何关系和尺寸标注得以控制和实现。

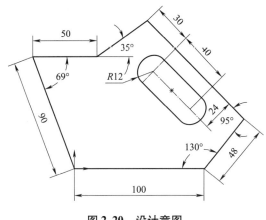

图 2-20 设计意图

2.5 几 何 关 系

几何关系是图形元素之间或图形元素与基准面、基准轴、原点等之间的几何约束关系，常用的几何关系有水平、竖直、相等、重合、同心、相切和对称等，系统会根据用户选择的不同对象自动列出有可能存在的不同几何关系供用户选择。几何关系的添加有如下两种方式：

①自动几何关系：绘制图形元素过程中由系统自动添加的几何关系。

②添加几何关系：根据需要手动添加的几何关系。

1. 自动几何关系

如图2-21所示，绘制大圆与小圆的切线。当切线的终点接近小圆时，光标右下方出现黄色图标，该图标即为自动几何关系提示，此时单击，即可在小圆上定位与大圆相切的直线终点。同时，绘制完成后，相切和重合的关系也被添加在了小圆上。

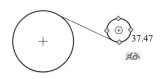

图 2-21 自动几何关系

2. 添加几何关系

对于那些用户需要，系统又无法自动添加的几何关系，则需要手动添加。

添加几何关系时，可以先单击工具栏中"草图"→"显示/删除几何关系" 下拉按钮，选择"添加几何关系" 命令，再选择图形元素进行关系添加，也可以按下 < Ctrl > 键，同时选择多个图形元素，在关联工具栏自动提示的可能关系中选择需要的几何关系进行添加。需要注意的是，根据所选图形元素的不同，系统提示可供选择的几何关系也会有所区别。

如图 2-22 所示，当选择对象为两条直线时，系统所提供的几何关系如图 2-22（a）所示；当选择对象更换为直线和圆时，系统所提供的几何关系如图 2-22（b）所示。

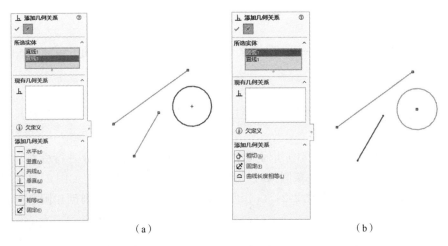

图 2-22　添加几何关系

3. 显示与关闭几何关系

需要查看几何关系时，可以单击前导工具栏中图标 右侧的下拉按钮，选择"观阅草图关系" 将所有的几何关系显示出来进行查看。该选项是一个开关，需要关闭草图关系显示时再次单击即可关闭。

4. 删除几何关系

选中几何关系图标，按 < Delete > 键可将其删除，也可以右击几何关系图标，在弹出的快捷菜单中选择"删除"命令。

5. 对称几何关系

对称几何关系比较特殊，需要选择一条中心线作为参考，再选择两个点、直线、圆弧或椭圆作为添加几何关系的对象。被选择的两个对象保持与中心线相等距离，且大小尺寸一致，并位于一条与中心线垂直的直线上。图 2-23 所示为给两任意圆添加"对称"几何关系。

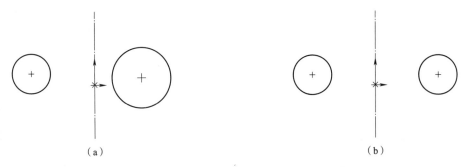

图 2-23　对称

6. 几何关系冲突

当多个几何关系之间有冲突时，系统会在状态栏给出"无法找到解""过定义"等报错信息，此时通常是由于最后一次添加的几何关系与已有的几何关系有冲突，可分析原因，删除不必要的几何关系。

2.6 尺寸标注

尺寸标注同几何关系一样，是定义几何元素和捕捉设计意图的另一种方式。

2.6.1 智能尺寸

常用的尺寸标注命令为"智能尺寸"，通过单击工具栏中的"草图"→"智能尺寸"按钮 或使用鼠标笔势来启动。

"智能尺寸"会根据用户选取的几何元素不同而决定使用何种尺寸进行标注。例如，如图 2-24（a）所示，当用户选择一条圆弧时，系统将自动创建半径尺寸；如图 2-24（b）所示，选择圆时，则创建直径尺寸；如图 2-24（c）所示，选择圆与直线时，则创建圆心到直线的距离尺寸。

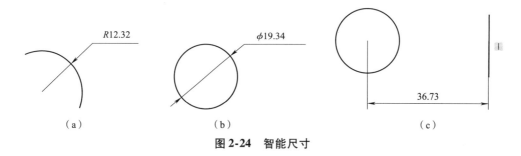

图 2-24 智能尺寸

2.6.2 标注尺寸

标注尺寸时，单击被标注的草图几何体，此时会出现尺寸预览，移动鼠标，将尺寸拖拉至合适的位置后再次单击进行放置，如图 2-25（a）所示，在随即出现的对话框中输入尺寸数值，该尺寸将驱动几何体按给定尺寸进行重绘。如图 2-25（b）所示，在对话框中输入 50 后，矩形长边按尺寸 50 进行了重绘。

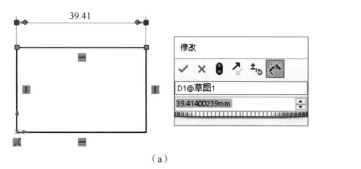

图 2-25 标注尺寸

注意：
①两点间的水平距离、竖直距离和绝对距离的标注由尺寸放置位置决定。
②直线与圆弧间距离的标注要按住<Shift>键再选择标注对象。

2.6.3 草绘时显示数字输入

草绘时显示数字，可以实时预览数值，便于从整体上把控绘图比例，避免绘制完成后修改尺寸数字造成图形不按预期变形。

单击工具栏中的"选项"按钮 ⚙，打开如图2-26所示对话框，在左侧选项列表中选择"草图"，对应的右侧选项选中"在生成实体时启用荧屏上数字输入"，同时选中其子选项"仅在输入值的情况下创建尺寸"，完成后单击"确定"按钮退出选项设置。

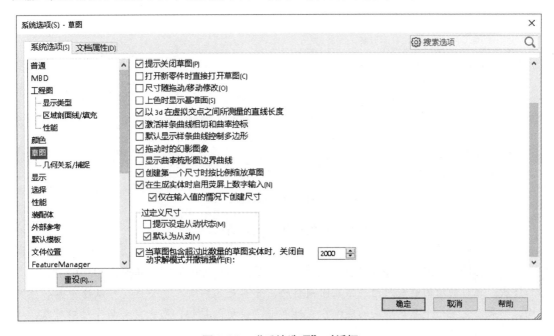

图2-26 "系统选项"对话框

在选项设置完成后绘制草图时，草图元素上会出现如图2-27所示的尺寸输入框，此处输入数值可直接驱动草图元素，并且会自动添加为尺寸标注。

2.6.4 尺寸关系冲突

在标注尺寸时是不允许尺寸环封闭的，在SOLIDWORKS中，尺寸环封闭就产生了尺寸关系冗余现象，属于"过定义"，合理的尺寸标注是草图健壮性一个核心指标。

图2-28所示为已有的完全定义的草图，如果此时再标注一个圆弧圆心相对于上边线的距离会出现过定义。

单击工具栏中的"草图"→"智能尺寸"按钮，选择圆弧与上边线并将尺寸放置于合适的位置，此时系统会弹出图2-29所示对话框，询问该尺寸如何处理。共有两个选项：一个是"将此尺寸设为从动"；另一个是"保留此尺寸为驱动"。系统默认为"将此尺寸设为从动"，设为从动后该尺寸不再驱动模型，而作为参考尺寸存在，也就不会发生冲突了，这里选择"保留此尺寸为驱动"。其结果是产生了尺寸冲突，相关对象以黄色或红色警告，并在状态栏显示"过定义"提示。

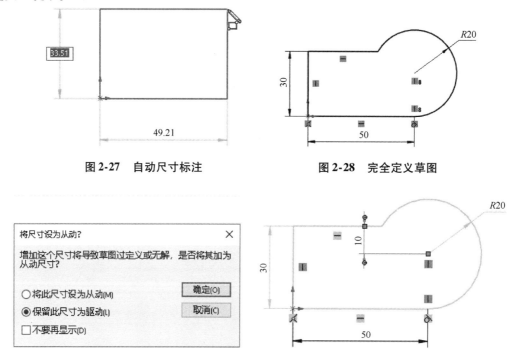

图 2-27　自动尺寸标注　　　　　　　图 2-28　完全定义草图

图 2-29　草图过定义

简单的冲突可以通过观察、联系刚做的操作找到矛盾所在，但复杂的冲突就不太好判断冲突原因，此时可以单击主界面下方状态栏中的"过定义"提示，打开如图 2-30（a）所示对话框，单击"诊断"按钮，让系统查找冲突所在，找到所有可能的原因，如图 2-30（b）所示。

注意：此时的原因是与几何关系共同判断的，并不是只判断尺寸关系。可以查看各种冲突原因，如果接受某一个系统给定的建议，直接单击"接受"按钮，系统自动删除对应对象，从而完成草图的修复。

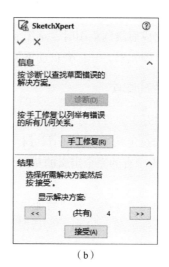

（a）　　　　　　　　　　　（b）

图 2-30　查找冲突原因

2.7 绘制草图注意事项

绘制草图时，需要注意以下几点：
①利用好草图的原点，便于借助系统默认的 3 个基准面进行后续操作。
②草图要简洁。例如，实体上非功能性的圆角等特征不必在草图中绘制，可以待实体生成后进行圆角特征的创建。
③尽可能使用几何约束来表达设计意图。
④创建草图合理的顺序为先创建几何草图，然后添加几何约束，最后标注尺寸。过早地标注尺寸可能会干扰添加几何关系。必要时可根据需要调整创建顺序。
⑤添加或编辑尺寸时，从最近或最小的几何体开始，以免几何图形重叠。
⑥利用好对称。
⑦及时修复草图错误。

2.8 草图实例

草绘实例1

1. 绘制草图并标注尺寸（一）

绘制图 2-31 所示草图，并进行尺寸标注。

绘制步骤如下：
①选择 gb_ part 为模板创建文件并保存。
②以"前视基准面"为基准绘制草图。
③单击工具栏中的"草图"→"直线"按钮 ，以原点为起始点绘制连续直线，如图 2-32 所示。

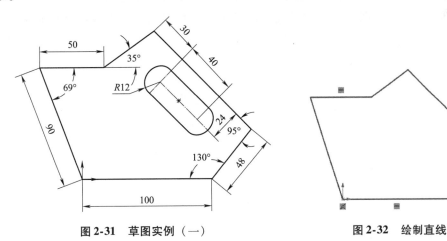

图 2-31 草图实例（一）　　　　图 2-32 绘制直线

④单击工具栏中的"草图"→"智能尺寸"按钮 ，对已有草图直线进行尺寸标注并更改为所需的尺寸值，如图 2-33 所示。
⑤单击工具栏中的"草图"→"直槽口"按钮 ，绘制如图 2-34 所示直槽口。
⑥删除系统自动标注的与设计意图不相符的槽口宽度尺寸，结果如图 2-35 所示。

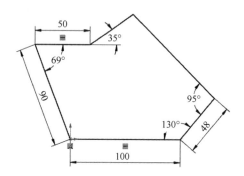

图 2-33　添加直线尺寸

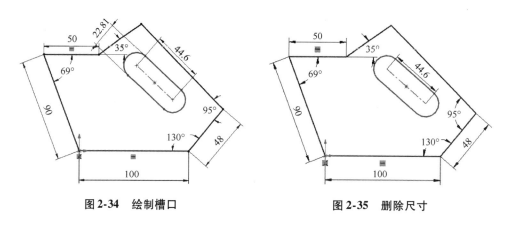

图 2-34　绘制槽口　　　　　　　　图 2-35　删除尺寸

⑦由于槽口方向是任意绘制的，需要选择槽口边线与右上斜边添加"使平行"的几何关系，结果如图 2-36 所示。

⑧为了方便标注槽口上侧中心与最上方顶点的尺寸，需要绘制槽口圆弧中心线作为辅助线，单击工具栏中的"草图"→"中心线"按钮，过槽口圆弧的两端点绘制辅助线，如图 2-37 所示。

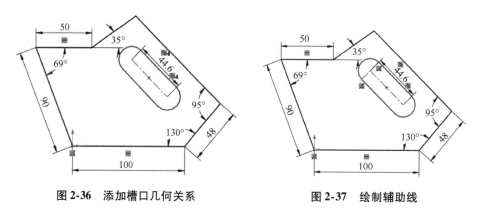

图 2-36　添加槽口几何关系　　　　图 2-37　绘制辅助线

⑨单击工具栏中的"草图"→"智能尺寸"按钮，标注槽口相关尺寸并更改为所需的尺寸值，同时将槽口中自动标注的中心距尺寸更改为所需的值，结果如图 2-38 所示。

注意:
- 绘制第一条直线时,注意观察直线长度,使其尽量接近目标值,不要有数量级上的差别,否则标注尺寸后容易变形。
- 单击选中实线,在关联工具栏上单击"构造几何线"按钮,可将实线转换为构造线(辅助线),反之亦然。可在按住<Ctrl>键的同时选择多条线进行转换。
- 绘制过程中如果系统自动添加了不必要的几何关系,要适时删除,否则会影响后续的几何、尺寸关系添加。

2. 绘制草图并标注尺寸(二)

绘制如图 2-39 所示草图,并进行尺寸标注。

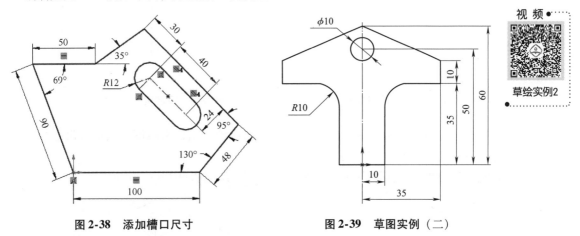

图 2-38 添加槽口尺寸　　　　图 2-39 草图实例(二)

绘制步骤如下:

①选择 gb_part 为模板创建文件并保存。

②以"前视基准面"为草图基准绘制草图。

③单击工具栏中的"草图"→"中心线"按钮,过原点绘制一竖直辅助线,如图 2-40 所示。

④单击工具栏中的"草图"→"直线"按钮,以原点为起始点绘制连续直线和圆弧,如图 2-41 所示。

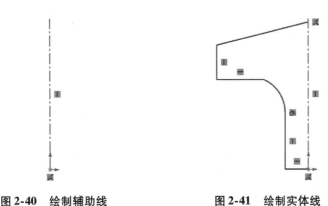

图 2-40 绘制辅助线　　　　图 2-41 绘制实体线

⑤绘制直线时,由直线转为圆弧时系统会保持相切,而由圆弧转为直线时,较难控制相切

关系，此处选择圆弧与水平直线，添加"使相切"几何关系，如图2-42所示。

⑥单击工具栏中的"草图"→"镜像实体"按钮，"要镜像的实体"选择除中心线外的所有实线，"镜像轴"选择中心线，结果如图2-43所示。

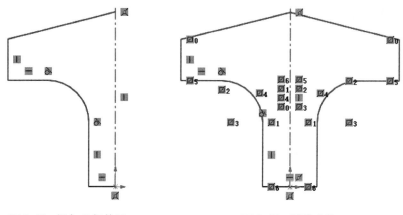

图2-42 添加几何关系　　　　图2-43 镜像实体

⑦单击工具栏中的"草图"→"智能尺寸"按钮，对已有草图直线进行尺寸标注并更改为所需的尺寸值，如图2-44所示。

⑧单击工具栏中的"草图"→"圆形"按钮，绘制如图2-45所示的圆。

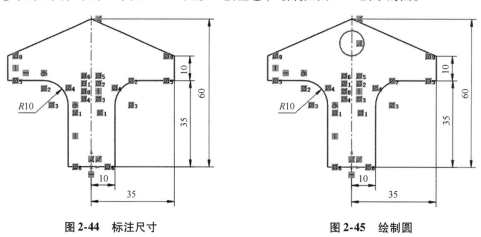

图2-44 标注尺寸　　　　图2-45 绘制圆

⑨单击工具栏中的"草图"→"智能尺寸"按钮，标注圆直径及位置尺寸，结果如图2-46所示。

注意：
- 对称图形可以先绘制一半图形，然后对其进行镜像得到。使用镜像命令要注意先单击激活镜像轴对话框，再进行中心线的选择。
- 对称图形也可以先绘制完整的近似图形，然后通过添加对称的几何关系得到。
- 尺寸位置的合理虽然不是必要项，但为了图面整洁、便于阅读，通常在尺寸标注完成后会对其位置进行适当调整。

3. 绘制草图并标注尺寸（三）

绘制如图2-47所示草图，并进行尺寸标注。

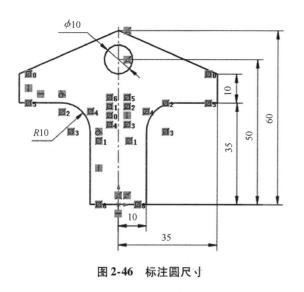
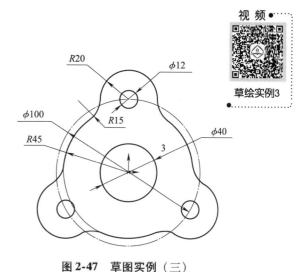

图 2-46 标注圆尺寸　　　　图 2-47 草图实例（三）

绘制步骤如下：

① 选择 gb_part 为模板创建文件并保存。

② 以"前视基准面"为草图基准绘制草图。

③ 单击工具栏中的"草图"→"圆形"按钮 ⊙，以原点为圆心绘制圆，如图 2-48 所示。

④ 选择圆，在关联工具栏上单击"构造几何线"按钮，将圆转化为构造线，并标注直径尺寸，如图 2-49 所示。

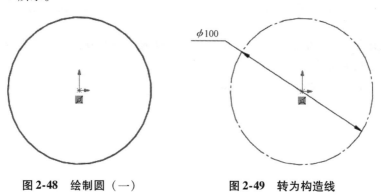

图 2-48 绘制圆（一）　　　　图 2-49 转为构造线

⑤ 单击工具栏中的"草图"→"圆形"按钮 ⊙，以辅助圆的上象限点为圆心绘制两个圆并标注直径尺寸，如图 2-50 所示。

⑥ 选择"φ40"直径尺寸，右击，在弹出的快捷菜单中选择"显示选项"→"显示成半径"命令，此时尺寸转换为了半径标注，如图 2-51 所示。

⑦ 单击工具栏中的"草图"→"圆周草图阵列"按钮，阵列中心选择"原点"，阵列数量输入值"3"，要阵列的实体选择两个实线圆，结果如图 2-52 所示。

⑧ 单击工具栏中的"草图"→"圆形"按钮 ⊙，以原点为圆心绘制 R45 圆并标注尺寸，如图 2-53 所示。

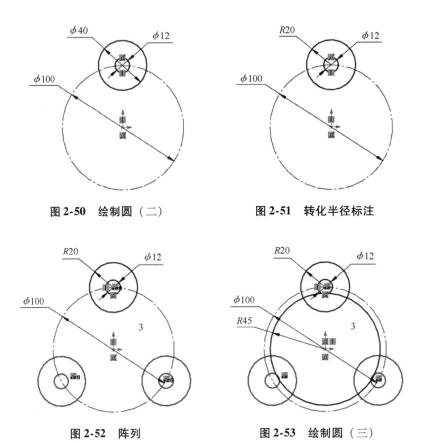

图 2-50 绘制圆（二）　　　　图 2-51 转化半径标注

图 2-52 阵列　　　　图 2-53 绘制圆（三）

⑨单击工具栏中的"草图"→"剪裁实体"按钮，将 R20 圆与 R45 圆交叉区域进行剪裁，结果如图 2-54 所示。

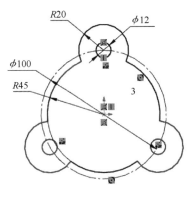

图 2-54 剪裁实体

⑩此时会发现，阵列后的对象为欠定义，为保证草图的完全定义，需要将其进行附加定义，拖动右侧阵列对象圆的圆心，使其作一定角度的偏转，如图 2-55（a）所示。此时，会很容易地选择到阵列中心点，用鼠标拖动阵列中心点至原点处，结果如图 2-55（b）所示，系统将阵列中心与原点自动添加了重合关系，此时草图也转化为完全定义状态。

⑪单击工具栏中的"草图"→"绘制圆角"按钮，圆角半径输入值 15 mm，要圆角化的

实体框选所有圆弧,结果如图2-56所示。

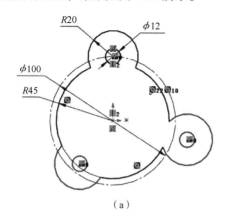
(a)

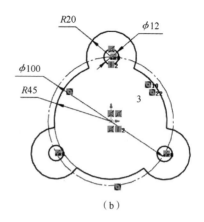
(b)

图2-55 完全定义阵列

⑫单击工具栏中的"草图"→"圆形"按钮⊙,以原点为圆心绘制ϕ40圆,如图2-57所示。

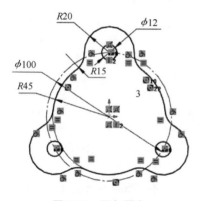
图2-56 添加圆角

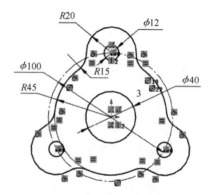
图2-57 绘制圆(四)

注意:
- 实际绘制过程中,绘圆与添加几何关系、尺寸关系等通常根据表达需要交替进行。
- 随着草图的复杂程度提高,其绘制方法也变得多样,练习时可尝试不同的绘制方法。
- 由于系统的草图阵列功能部分情况下无法自动完全定义,需要额外的操作以添加相应的约束关系,这点在复杂草图中需要特别注意。

4. 绘制草图并标注尺寸(四)

绘制如图2-58所示草图,并进行尺寸标注。

绘制步骤如下:

①选择gb_part为模板创建文件并保存。

②以"前视基准面"为草图基准绘制草图。

③单击工具栏中的"草图"→"圆形"按钮⊙,以原点为圆心绘制圆,标注直径尺寸,并将其转换为构造几何线,如图2-59所示。

④单击工具栏中的"草图"→"中心线"按钮,过原点绘制两条辅助线并标注其夹角,如图2-60所示。

视 频
草绘实例4

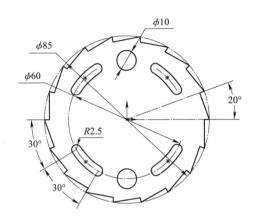

图 2-58 草图实例（四）

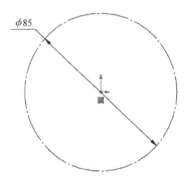

图 2-59 绘制辅助圆

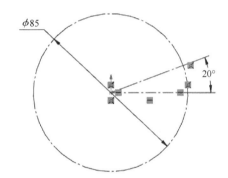

图 2-60 绘制辅助线

⑤单击工具栏中的"草图"→"直线"按钮，绘制齿部的两条直线，注意其较长的一根直线与倾斜的辅助线垂直，如图 2-61 所示。

⑥单击工具栏中的"草图"→"圆周草图阵列"按钮，阵列中心选择"原点"，阵列数量输入值 18，要阵列的实体选择两个齿部直线，结果如图 2-62 所示。

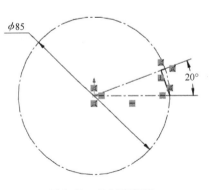

图 2-61 绘制齿部线

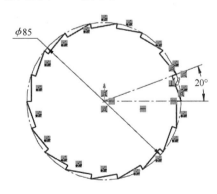

图 2-62 阵列齿部线

⑦单击工具栏中的"草图"→"中心点圆弧槽口"按钮，绘制左下角槽口并标注尺寸。注意：系统自动标注的不符合标注要求的尺寸需要删除再另行标注，结果如图 2-63 所示。

⑧单击工具栏中的"草图"→"圆周草图阵列"按钮，阵列中心选择"原点"，阵列数量输入值 4，要阵列的实体选择圆弧槽口，结果如图 2-64 所示。

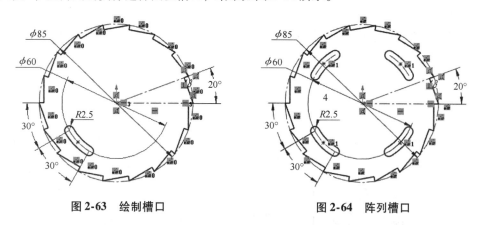

图 2-63　绘制槽口　　　　　　　　图 2-64　阵列槽口

⑨单击工具栏中的"草图"→"圆"按钮，绘制两个小圆，标注其中一个直径尺寸 $\phi10$，添加另一小圆与该圆"相等"的几何关系，添加两小圆的圆心与 $\phi60$ 的大圆相"重合"几何关系，添加两小圆的圆心与原点"竖直"的几何关系，如图 2-65 所示。

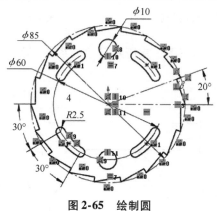

图 2-65　绘制圆

注意：
- 辅助线是草图中重要的元素，其不参与模型的实际创建，要注意将其转换为"构造几何线"。
- 当有周期性的元素时，多采用圆周阵列方式，但圆周阵列会使草图变得复杂，所以在后续的建模中，可以仅绘制其中一个，创建特征后再用特征阵列，而不是草图阵列。
- 草图练习时要尽可能做到完全定义。

练习题

一、简答题

1. 常用的几何关系有哪些？
2. 草图中的错误是怎样产生的？处理流程是什么？
3. 草图为什么要尽量完全定义？
4. 草图为什么要优先选用系统默认的基准面进行绘制？

二、操作题

练习-1

1. 绘制如图 2-66 所示草图,除所示尺寸关系外,添加合适的几何关系,要求草图完全定义。

2. 绘制如图 2-67 所示草图,除所示尺寸关系外,添加合适的几何关系,要求草图完全定义。

练习-2

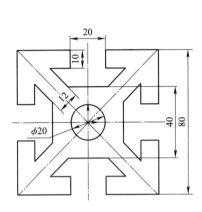

图 2-66　草图绘制图例(一)

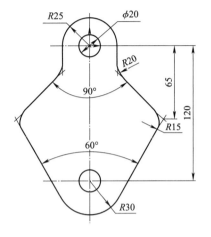

图 2-67　草图绘制图例(二)

3. 绘制如图 2-68 所示草图,除所示尺寸关系外,添加合适的几何关系,要求草图完全定义。

练习-3

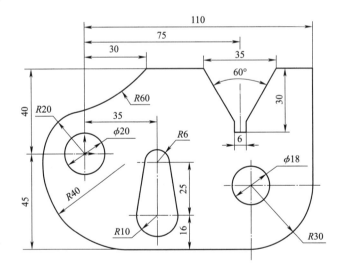

图 2-68　草图绘制图例(三)

第 3 章 零件建模

零件建模是通过创建和编辑多个特征来完成的，特征是建模的最小单元。特征的创建有两种方式：一种是需要绘制草图，进行生长或切除实体材料而创建的特征，如拉伸、旋转、扫描、放样的凸台和切除特征；另一种是通过选择或设置参数而创建的特征，如圆角、倒角、镜像、抽壳等特征。作为特征创建的辅助功能还有根据需要而创建的基准面、基准轴等参考几何体特征。

学习目标

- 掌握常用特征的创建和编辑命令。
- 掌握参考几何体的创建方法。
- 熟悉一般零件的建模思路。

3.1 拉 伸

SOLIDWORKS 中常用的特征命令归集在"特征"工具栏中，如图 3-1 所示。

图 3-1 "特征"工具栏

拉伸是建模最主要的基本命令之一，与其他常用的特征命令一起归集在"特征"工具栏中。该命令通过一个草图截面，从指定位置开始，沿指定方向延伸至指定位置，以生成实体或切除原有实体。

"拉伸"命令包含"拉伸凸台/基体" 和"拉伸切除" 两种。

3.1.1 拉伸各属性的含义

1. "拉伸凸台/基体"命令

其属性管理器包含拉伸的起始位置、终止条件、所选轮廓等多个部分。各部分及其所包含的子选项如图 3-2 所示。

① 从：用于设置拉伸特征的起始位置。

- "草图基准面"：默认值，从草图所在基准面开始拉伸。
- "曲面/面/基准面"：需要选择一参考对象，拉伸将从所选对象开始。

视 频
拉伸属性含义

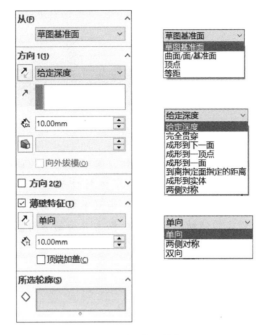

图 3-2 拉伸属性框

- "顶点":需要选择一个顶点作为参考对象,拉伸深度从此点开始计算。
- "等距":要求输入尺寸值,拉伸时在草图基准面基础上偏移所输值开始计算拉伸深度。

②方向 1:用于定义特征的拉伸方式,设置终止条件的类型,定义中如果预览方向不是所需方向,可单击选项前的"反向"按钮 反转方向,"终止条件"共有 8 个二级选项。

- 给定深度:默认值,输入所需尺寸,按输入的深度值拉伸。
- 完全贯穿:拉伸尺寸以现有几何体的最大范围为参考,贯穿所有现有的几何体。如图 3-3(a)所示,以草图为拉伸对象,当选择"完全贯穿"时,结果如图 3-3(b)所示。
- 成形到下一面:自动判断拉伸过程中所碰到的面,在整个草图范围内以第一个碰到的面截止,也就是说下一面可以是一个也可以是多个,如图 3-3(c)所示。
- 成形到一顶点:选择一个已有顶点作为参考,拉伸至该参考点处。
- 成形到一面:选择一个已有面或基准面作为确定拉伸要延伸到的参考。如果所选面小于草图范围,系统会自动延伸该参考面。图 3-3(d)所示为选择斜面为参考面的结果。

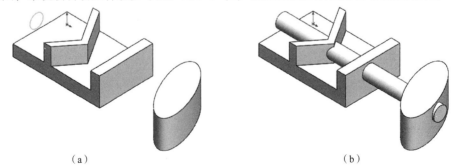

(a)   (b)

图 3-3 拉伸终止条件(一)

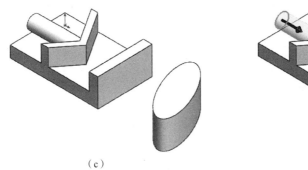 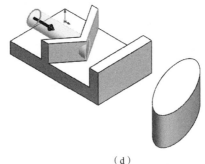

（c） （d）

图 3-3 拉伸终止条件（一）（续）

- 到离指定面指定的距离：选择一个面或基准面作为参考，然后输入等距距离，拉伸位置会以该面为参考并偏距所输距离，如图 3-4（a）所示。该选项有两个附加选项，"反向等距"可以反转偏距方向，"转化曲面"用以控制偏距方式。没有选中时按法向偏距；选中时按拉伸方向等距。
- 成形到实体：选择一个已有实体作为参考，拉伸至该实体，结果如图 3-4b 所示。如果当前只有一个实体，则拉伸结果类似于"成形到下一面"。
- 两侧对称：按给定的深度值两侧对称拉伸，输入深度值为总深度。

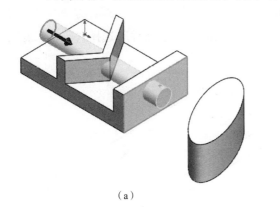 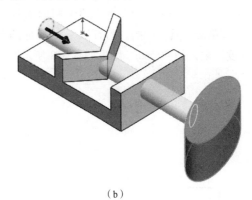

（a） （b）

图 3-4 拉伸终止条件（二）

- "合并结果"：该选项默认为选中，将当前拉伸与已有实体合并。如果取消该选项，将生成新的独立实体，形成多实体零件。SOLIDWORKS 零件中允许存在若干个实体。该选项在"拉伸切除"中不存在。
- "拔模开/关" ：用于增加拔模特征。当选择该选项时可输入所需的拔模角度，按所输角度对该拉伸进行拔模，其"向外拔模"子选项会同时变成可选，用以改变拔模方向。

③方向 2：用于定义拉伸的另一方向的参数，其参数与"方向 1"一致。

④薄壁特征：SOLIDWORKS 拉伸默认为草图封闭区域全部填充实体，使用"薄壁特征"选项可以控制拉伸的壁厚，以形成中空的特征，如图 3-5 所示。其有 3 个子选项"单向""两侧对称""双向"，用于控制加厚的方向。

2. 拉伸切除

其属性管理器中选项参数与"拉伸凸台/基体"基本相同，除了没有"合并结果"选项外，多了"反侧切除"选项,SOLIDWORKS默认是由草图封闭区域进行拉伸切除,该选项用于执行相反区域的切除操作。

3.1.2 拉伸特征的创建

完成图3-6所示实例模型的创建。

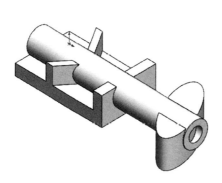

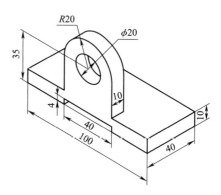

图3-5 薄壁特征　　　　　　　　图3-6 实例模型

操作步骤如下:

①以"前视基准面"为基准绘制如图3-7所示草图。

②单击工具栏中的"特征"→"拉伸凸台/基体"按钮,"终止条件"选择"给定深度","深度"输入值40 mm,结果如图3-8所示。

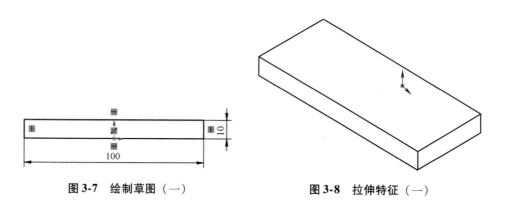

图3-7 绘制草图(一)　　　　　　图3-8 拉伸特征(一)

③以长方体的前侧面为基准绘制如图3-9所示草图。

④单击工具栏中的"特征"→"拉伸凸台/基体"按钮,"终止条件"选择"给定深度","深度"输入值10 mm,结果如图3-10所示。

⑤以长方体的前侧面为基准绘制如图3-11所示草图。

⑥单击工具栏中的"特征"→"拉伸切除"按钮,"终止条件"选择"完全贯穿",结果如图3-12所示。

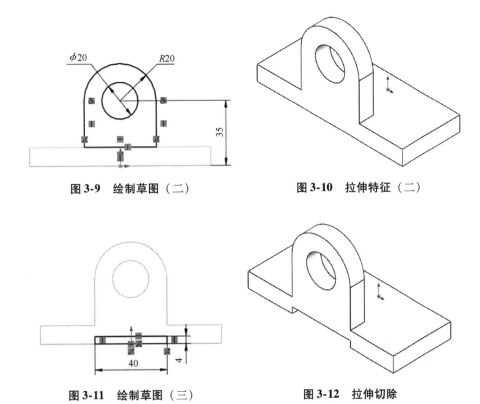

图 3-9 绘制草图（二）　　　图 3-10 拉伸特征（二）

图 3-11 绘制草图（三）　　　图 3-12 拉伸切除

注意：
- 当使用矩形创建对称的拉伸实体时，草绘时要注意中心点的对应。
- 草图中首先添加几何关系进行约束，其次再添加尺寸关系进行约束。
- 拉伸实体所需的草图轮廓要封闭，不可出现开口未封闭状态。

3.2 圆角/倒角

在零件设计过程中，通常对锐利的零件边角进行倒角/圆角处理，以防止伤人和避免应力集中，便于搬运、装配等。此外，有些倒角/圆角也是机械加工过程中不可缺少的工艺特征。

3.2.1 圆角各属性的含义

视频●
圆角倒角

"圆角"按钮 用于在零件上生成一个内圆角或外圆角面。SOLIDWORKS 可以为一个面的所有边线、所选的多组面、所选的边线或边线环生成圆角。圆角特征有 4 种类型，不同类型的圆角其属性参数也不同。

1. 恒定大小圆角

对所选边线以相同的圆角半径进行倒圆角操作。其属性参数如图 3-13 所示。

①要圆角化的项目：选择需要圆角的对象，系统支持的对象为边线、面、特征、环。选中"显示选择工具栏"时可以在选择圆角对象后出现如图 3-14 所示关联工具栏，将鼠标移至该工具栏后系统会根据相应的规则选择一系列圆角对象，从而大幅提高选择效率。选中"切线延

伸"时系统会自动选择连续的相切边线；如果没有选择，则只选择鼠标指向的对象。3种预览方式指显示预览的范围。

图3-13　恒定大小圆角属性

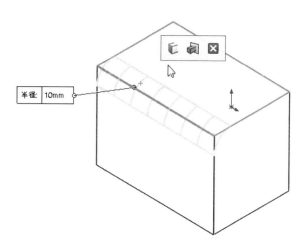

图3-14　显示选择工具栏

②圆角参数：圆角参数是圆角的主要参数之一，对称、非对称选项指圆角过渡方式。如图3-15所示，两个选项分别又对应着不同的"轮廓"选项。

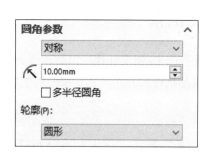
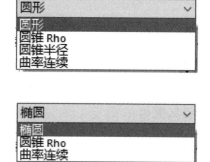

图3-15　圆角参数

- "对称"选项：用于创建由单一半径值生成的圆角，可通过"轮廓"选项进一步调整参数。
- "非对称"选项：用于可创建由两个半径值过渡的圆角，由于半径值不同，所以具有方向性。例如，从预览中发现两个半径值相反，可单击"反向"按钮，通过"轮廓"选项进一步调整参数。

2. 变量大小圆角

可以为每条边线选择不同的圆角半径值。与"恒定大小圆角"参数相比，主要区别在于"变半径参数"，相同参数部分不再赘述。

变半径参数：用于控制圆角的半径值，其"对称"与"不对称"选项的含义与"恒定大小圆角"相同；在对如图 3-16（a）所示边线进行圆角时，在图形区会出现首末点的半径值输入框，单击输入框输入所需的半径值，出现变量圆角的预览；单击边线上的插值点后出现该点的输入框，如图 3-16（b）所示。除了半径值外，还可以对该点在整条边线的位置通过百分比方式进行调整。结束输入后单击"确定"按钮，其结果如图 3-16（c）所示。如果需要更多的插值点，可单击已有的插值点后拖动其位置，需要删除插值点时，可右击该插值点，在弹出的快捷菜单中选择"删除"命令即可。

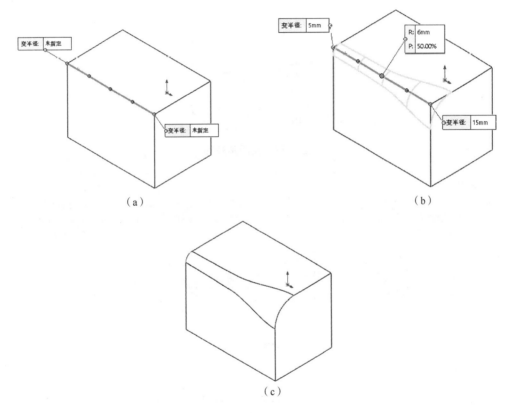

图 3-16 变量大小圆角

3. 面圆角

将不相邻的面通过圆角进行混合。其属性参数如图 3-17 所示。

要圆角化的项目：分别选择需要圆角的两组面，每组面可以包含多个面。如图 3-18（a）所示，V 形槽的两面是没有相交线的，无法通过"恒定大小圆角"进行圆角，此时可通过"面圆角"，分别选择 V 形槽的两个斜面，如图 3-18（b）所示。输入合适的半径值后单击"确定"按钮，结果如图 3-18（c）所示，系统同时会填充圆角与已有实体间的空隙部分。

图 3-17 面圆角属性

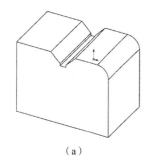
（a）

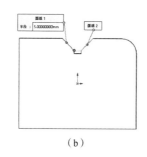
（b）

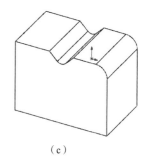
（c）

图 3-18 面圆角

4. 完整圆角

生成相切于 3 个相邻面组（一个或多个面相切）的圆角，其属性参数如图 3-19 所示。由于与三面相切，半径只有唯一解，所以该圆角功能没有圆角参数，只需要选择需圆角的对象即可。

3.2.2 倒角各属性的含义

"倒角"按钮用于在零件上两组面间产生倾斜面。倒角特征有 5 种类型，不同类型的倒角其属性参数也不同。

1. 角度距离

在所选边线上指定距离和倒角角度生成倒角特征，其属性参数如图 3-20 所示。

图 3-19 完整圆角属性

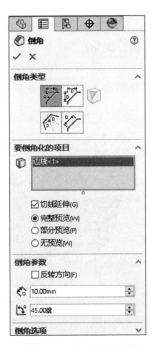

图 3-20 角度距离倒角属性

① 要倒角化的项目：选择需要倒角的对象，系统支持的对象为边线、面、环。选择倒角对象后会出现倒角预览，如图 3-21 所示。

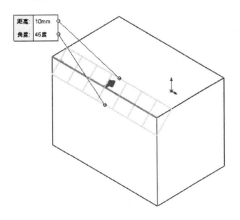

图 3-21 倒角预览

② 倒角参数：输入倒角参数，由"距离"与"角度"组成，如果"角度"值为非 45°时，注意倒角的方向性，通过预览如果看到方向不是预期方向，可以通过"反转方向"选项进行更改。

2. 距离距离

通过输入距离值生成倒角。

倒角参数：倒角形式分为"对称"与"非对称"，"对称"选项只需要输入一个距离值，其结果等同于"角度距离"下的 45°倒角；"非对称"选项需要分别输入两个方向的距离值，当两个方向值不同时需要注意对应的方向性。

3. 顶点

对三边相交点进行倒角：

①要倒角化的项目：选择三边相交的顶点。

②倒角参数：分别输入距所选点的距离值，注意方向性，如图 3-22（a）所示。输入完成后单击"确定"按钮，结果如图 3-22（b）所示。

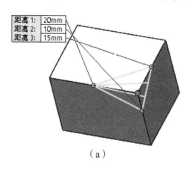
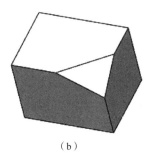

图 3-22 顶点倒角

4. 等距面

通过偏移选定边线相邻的面来求解等距面倒角。如图 3-23 所示，软件将计算等距面的交叉点，再通过偏距后的交叉点到每个面的法向求垂足点，最终连接两点创建倒角。该倒角方式同时支持倒角化整个特征和曲面几何体，而"角度距离"倒角是不支持选择特征及曲面几何体倒角的。

5. 面-面

此按钮用于非相邻、非连续的无相交实线的面间倒角，其创建原理类似于"面圆角"。

3.2.3 创建倒角/圆角特征

完成图 3-24 所示实例模型"托架"的创建。

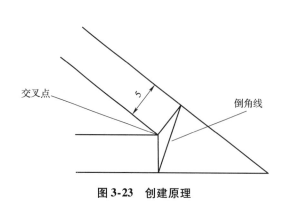

图 3-23 创建原理

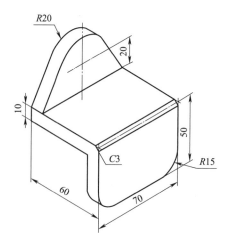

图 3-24 "托架"实例模型

操作步骤如下：

①以"上视基准面"为基准绘制如图 3-25 所示草图。

②单击工具栏中的"特征"→"拉伸凸台/基体"按钮，"终止条件"选择"给定深度"，"深度"输入 10 mm，结果如图 3-26 所示。

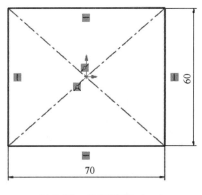
图 3-25　绘制草图（一）

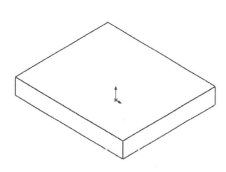
图 3-26　拉伸特征（一）

③以已有长方体的前侧面为基准绘制如图 3-27 所示草图。此处矩形的上边可以与已有长方体的下边平齐，也可以与上边平齐，思考一下两者的差异。

④单击工具栏中的"特征"→"拉伸凸台/基体"按钮，"终止条件"选择"给定深度"，"深度"输入 10 mm，结果如图 3-28 所示。

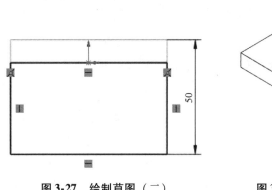
图 3-27　绘制草图（二）

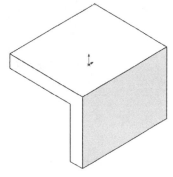
图 3-28　拉伸特征（二）

⑤以第一个长方体的后侧面为基准绘制如图 3-29 所示草图。

⑥单击工具栏中的"特征"→"拉伸凸台/基体"按钮，"终止条件"选择"给定深度"，"深度"输入 10 mm，结果如图 3-30 所示。

⑦单击工具栏中的"特征"→"圆角"按钮，"要圆角化的项目"选择右侧长方体的两条短底边，"半径"输入 15 mm，结果如图 3-31 所示。

⑧单击工具栏中的"特征"→"倒角"按钮，"要倒角化的项目"选择两长方体相交的外侧的边线，"距离"输入 3 mm，"角度"输入 45°，结果如图 3-32 所示。

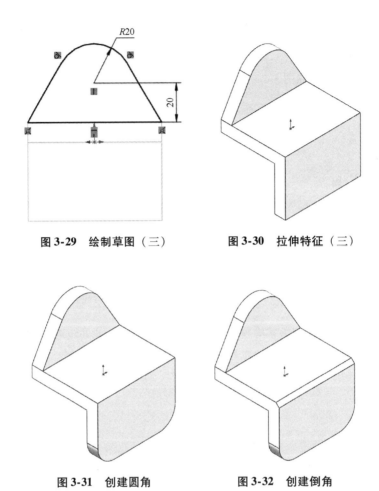

图 3-29　绘制草图（三）　　图 3-30　拉伸特征（三）

图 3-31　创建圆角　　图 3-32　创建倒角

注意：
- 托架左右对称，第一个特征创建时需要用中心矩形，便于后续绘图时对称和镜像面的选择。
- 矩形绘制可根据设计意图和编辑的方便性进行选择。
- 当草图边线与已有实体边线重合时，使用"转换实体引用"能简化草图绘制，且利于后续编辑。

视 频

镜像

3.3　镜　　像

"镜像"按钮用于在参考面的另一侧镜像生成特征。

3.3.1　镜像各属性的含义

"镜像"属性管理器包含镜像面、要镜像的特征等多个部分。各部分及其所包含的子选项如图 3-33 所示。

①镜像面/基准面：用于选择作为参考的面，可以是已有实体的平面，也可以是基准面。

图 3-33 镜像属性参数

②次要镜像面/平面：用于选择第二个参考的面，当有第二个参考面时，实际上相当于镜像了两次，产生了 3 个副本。

③要镜像的特征：选择要镜像的特征，可以是一个或多个。

④要镜像的面：选择需要镜像的面，这里需要注意的是该面镜像后要与已有的实体形成封闭环才可以，并非指曲面。如图 3-34（a）所示，需要将上方小孔镜像至下方，进入"镜像"命令后，选择中间的基准面为"镜像面/基准面"，切换至"要镜像的面"选择小孔的内表面（不是孔特征），单击"确定"按钮 ✓ 后结果如图 3-34（c）所示。

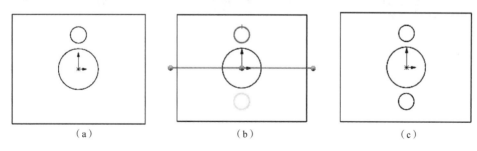

图 3-34 要镜像的面

⑤选项：当镜像对象是实体时，镜像后的对象与有集的实体合并，否则还是独立的实体；"缝合曲面"将镜像后的曲面实体与已有曲面实体合并成一个曲面实体。

3.3.2 镜像特征的创建

在 3.2.3 节实例的基础上完成图 3-35 所示实例模型的创建，要求圆角只做一侧，另一侧通过"镜像"功能创建。

操作步骤如下：

①原有模型的两个圆角是通过"圆角"功能完成，现要求"圆角"功能完成其中一个，另一侧通过"镜像"完成，所以首先需要编辑原有圆角，删除其中一个圆角特征，在设计树中选择原有的圆角特征，在弹出的关联工具栏中单击"编辑特征"按钮，单击其中一个圆角边线，或者在"要圆角化的项目"中选择边线后右击选择"删除"命令，结果如图3-36所示。

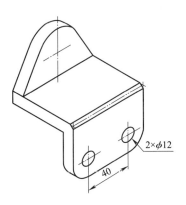

图3-35　镜像的实例模型

②单击工具栏中的"特征"→"镜像"按钮，"镜像面/基准面"选择"右视基准面"，"要镜像的特征"选择圆角。由于圆角属于依附特征，而其所依附的特征并未有镜像操作，所以"选项"中需要勾选"几何体阵列"项，以作为独立的几何体进行阵列，结果如图3-37所示。

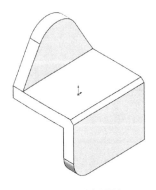 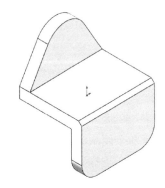

图3-36　编辑圆角　　　　　　　图3-37　镜像圆角

③以圆角所在的侧面为基准绘制如图3-38所示草图。

④单击工具栏中的"特征"→"拉伸切除"按钮，"终止条件"选择"完全贯穿"，结果如图3-39所示。

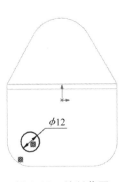 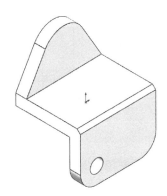

图3-38　绘制草图　　　　　　　图3-39　拉伸切除

⑤单击工具栏中的"特征"→"镜像"按钮，"镜像面/基准面"选择"右视基准面"，"要镜像的特征"选择拉伸切除特征，结果如图3-40所示。

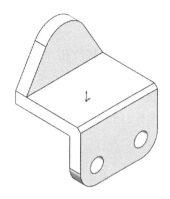

图 3-40 镜像切除特征

注意：

①绘制草绘圆孔的草图时，鼠标在圆角上稍作停留，其圆心位置将显现出来，便于对孔和圆角添加同心的约束。

②随着模型复杂程度提高、所学特征命令的增多，同一模型有着多种不同的建模思路，实际操作时需要考虑方便创建、便于理解、易于编辑等因素。

③要镜像的特征可以同时选择多个。

3.4 简单直孔/异型孔向导

"简单直孔" 和 "异型孔向导" 用于在已有实体上创建新的孔类特征。

3.4.1 简单直孔各属性的含义

"简单直孔"按钮用于在实体上快速生成圆柱孔，属性管理器如图 3-41 所示，含义与"拉伸切除"按钮类似。若需更改孔的位置，可直接用鼠标拖动孔的圆心点至所需位置，当需要通过尺寸进行定位时，可在生成孔后到设计树中，进入其对应的草图中进行编辑修改。

图 3-41 设置简单直孔属性参数

3.4.2 异型孔向导各属性的含义

"异型孔向导"按钮可用于生成沉头孔、螺纹孔、柱孔槽口等多种规格的孔,属性管理器含有"类型"和"位置"两个选项卡,"类型"选项卡如图 3-42 所示。完成设置后切换至"位置"选项卡,切换后首先在绘图窗口单击,选择打孔平面,然后再次单击,选择打孔位置。

1. "类型"选项卡

①孔类型:选择所需的孔类型,其下的各个选项参数会因为所选孔类型不同而有所不同,注意区别。这里选择常用的"柱形沉头孔" 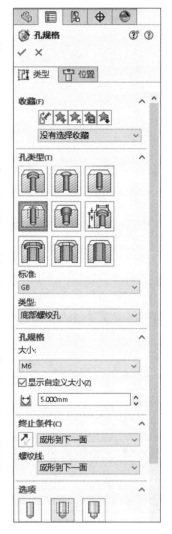,在下方的"标准"中选择对应的标准(如 GB),再选择所需的螺栓或螺钉类型。

②孔规格:从下拉列表中选择所需的规格大小及配合形式,配合形式有 3 种"紧密""正常""松弛",分别对应着不同的间隙尺寸;如果不是标准的规格,或在标准规格基础上进行一定的调整,可选中下方的"显示自定义大小"复选框,系统列出尺寸对话框,在已有尺寸的基础之上根据需要进行更改。

③终止条件:用于确定孔的深度,不同的孔类型该处选项有所差异,其选项的含义可参考"拉伸切除"的选项;当孔类型为"直孔螺纹"时,还会出现"螺纹线"尺寸对话框,用以确定螺纹线的深度尺寸。

④选项:其余控制选项,"螺钉间隙"用于在沉头孔的头部深度方向增加所输入尺寸值;"近端锥孔"用于在沉头孔顶端增加倒角;"螺钉下锥孔"用于在基本孔与沉孔连接处增加倒角。

2. "位置"选项卡

"位置"选项卡用于确定孔的位置,进入"位置"选项卡后,选择参考面,孔的预览会跟随鼠标位置,直到单击以放置孔,可以利用草图捕捉和推理线来精确放置点。位置选择在平面或非平面上

图 3-42 设置异型孔向导属性参数

均可,系统默认是连续选择点以定位,如果选择结束可以按 <Esc> 键取消选择,再使用尺寸、草图工具、草图捕捉和推理线来定位孔中心的具体尺寸。也可以在孔特征生成完成后在设计树中选择该特征并展开,找到对应的位置草图通过"编辑草图"进行编辑修改。

3.4.3 孔特征的创建

在 3.3.2 节实例的基础上完成图 3-43 所示实例模型的创建,要求改用孔特征完成。

操作步骤如下:

①由于原有模型的孔是通过拉伸切除与镜像创建,所以首先需要选择这两个特征,右击,在快捷菜单中选择"删除"命令。由于孔的草图不再需要,可一并删除,结果如图 3-44 所示。

②单击工具栏中的"特征"→"简单直孔"按钮 ,选择带圆角的长方体侧面作为参考面,"终止条件"选择"完全贯穿","孔直径"输入 12 mm,移动孔中心至圆弧圆心位置,结

果如图 3-45 所示。

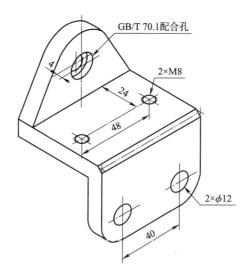

图 3-43 孔的基本操作

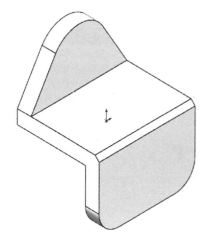

图 3-44 删除已有孔

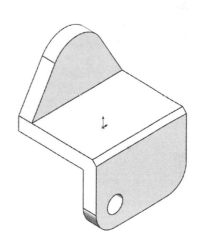

图 3-45 创建孔（一）

③参照第②步的方法移动孔中心至另一圆弧圆心位置，结果如图 3-46 所示。

④单击工具栏中的"特征"→"异型孔向导"按钮，"孔类型"选择"柱型沉头孔"，"标准"选择 GB，"类型"选择"内六角圆柱头螺钉"，"大小"选择 M8，"套合"选择"正常"，选中"显示自定义大小"复选框并将"柱形沉头孔深度"更改为 4 mm，"终止条件"选择"完全贯穿"，"位置"选择上侧圆弧圆心，结果如图 3-47 所示。

⑤单击工具栏中的"特征"→"异型孔向导"按钮，"孔类型"选择"直螺纹孔"，"标准"选择 GB，"类型"选择"底部螺纹孔"，"大小"选择 M8，"终止条件"选择"完全贯穿"，"位置"选择中间长方体的上表面，并编辑草图位置，如图 3-48（a）所示，确定后结果如图 3-48（b）所示。

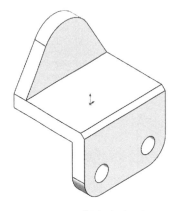
图 3-46 创建孔（二）

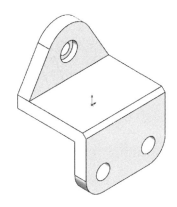
图 3-47 创建孔（三）

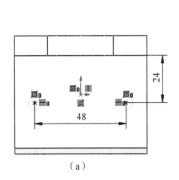
（a）

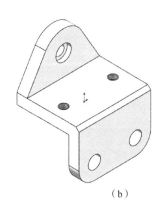
（b）

图 3-48 创建螺纹孔

筋板

3.5 筋

"筋"是指在零件上增加强度的部分，是一种特殊的拉伸特征。

3.5.1 筋各属性的含义

生成筋特征前，需要绘制一个与实体相交（或延伸后将会与实体相交）的草图轮廓，该轮廓将向已有实体方向填充材料生成特征，草图轮廓通常是开环的。筋特征属性管理器如图 3-49 所示。

①参数：用于定义筋的厚度、方向等。"厚度"用于定义筋的加厚方向，以草图为中心位置定义方向。"筋厚度"输入所需筋的厚度值。

②拉伸方向：用于定义筋的方向，如图 3-50（a）所示，草图基于"前视基准面"绘制，当选择"平行于草图"时，其结果如图 3-50（b）所示；当选择"垂直于草图"时，其结果如图 3-50（c）

图 3-49 筋特征属性管理器

所示。"反转材料方向"用于改变向实体填充材料的方向。

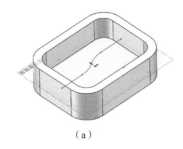
（a）

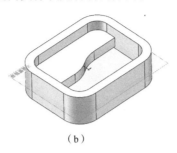
（b）

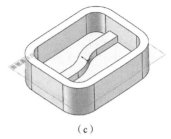
（c）

图 3-50　拉伸方向

"拔模开/关"可以增加拔模角度，其定义与【拉伸凸台/基体】相同。

3.5.2　筋特征的创建

在3.4.3节实例的基础上完成图 3-51 所示实例模型的创建。

操作步骤如下：

①以"右视基准面"为基准绘制如图 3-52 所示草图。

②单击工具栏中的"特征"→"筋"按钮，"厚度"选择"两侧"，"筋厚度"输入 10 mm，结果如图 3-53 所示。

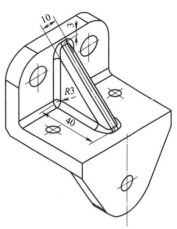

图 3-51　筋的基本操作

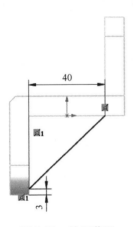

图 3-52　绘制草图

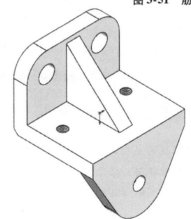

图 3-53　创建筋特征

③单击工具栏中的"特征"→"圆角"按钮，"要圆角化的项目"选择两长方体内侧交线，"半径"输入值 3 mm，结果如图 3-54 所示。

④单击工具栏中的"特征"→"圆角"按钮，"要圆角化的项目"选择筋的外侧两条边线，"半径"输入值 3 mm，结果如图 3-55 所示。

⑤单击工具栏中的"特征"→"圆角"按钮，"要圆角化的项目"选择筋特征与长方体的交线，"半径"输入 3 mm，结果如图 3-56 所示。

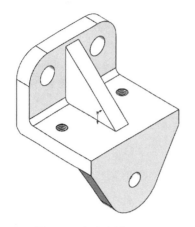 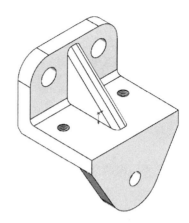

图 3-54　添加圆角（一）　　　　　图 3-55　添加圆角（二）

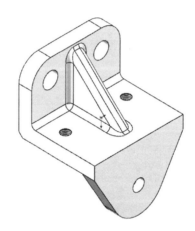

图 3-56　添加圆角（三）

⑥以"托架"命名文件，并保存备用。

注意：
- 为确保筋特征的成功创建，初学者最好将筋特征草图轮廓与实体相交。
- 有多个圆角特征时，注意创建的先后顺序。
- 可通过更改圆角的创建顺序或多次使用圆角命令，创建出想要的圆角效果。

3.6　旋　　转

旋转是建模最主要的基本命令之一。该命令是通过一个草图截面绕一根已知轴线旋转一定角度而形成实体的一种特征创建方法，主要用于回转体建模。

旋转包含"旋转凸台/基体"和"旋转切除"两种。

3.6.1　旋转各属性的含义

1. "旋转凸台/基体"命令

其属性管理器包含旋转轴、旋转类型、薄壁特征等多个部分。各部分及其所包含的子选项如图 3-57 所示。

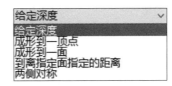

图 3-57 旋转属性参数

①旋转轴：选择旋转所绕的中心轴，可以是中心线、直线、模型边线。如果草图只有一条中心线，则系统会自动以该中心线为旋转轴；如果是多条或没有，则需要选择。

②方向 1：用以设置旋转的终止条件并输入相应的角度及相关的参数。

- 给定深度：从草图所在基准面开始旋转指定角度，默认为 360 度。
- 成形到一顶点：从草图基准面旋转到所选参考点为止。
- 成形到一面：从草图基准面旋转到所选参考面为止。
- 到离指定面指定距离：从草图基准面旋转到离所选参考面指定距离的位置为止。
- 两侧对称：从草图基准面向两侧对称旋转所给定的角度。
- 旋转方向 ：可以改变旋转起始方向。360 度旋转时，该选项所生成的结果相同；非 360 度时通过预览观察，如果方向与所需的相反，则单击该选项即可。

③方向 2：用于定义旋转的另一方向的参数，其参数与"方向 1"一致。如果【方向 1】定义的是"两侧对称"，【方向 2】选项自动隐藏。

④薄壁特征：系统默认草图封闭区域全部填充实体，使用"薄壁特征"选项可以控制旋转的壁厚，以形成中空的旋转特征，其有 3 个子选项"单向""两侧对称""双向"，用于控制加厚的方向，"薄壁特征"允许草图不封闭。

2. "旋转切除"命令

其属性管理器中选项参数除了没有"合并结果"选项外，其他选项与"旋转凸台/基体"基本相同。

3.6.2 旋转特征的创建

完成图 3-58 所示实例模型"滑轮"的创建。

操作步骤如下：

①以"前视基准面"为基准绘制如图 3-59 所示草图，注意矩形中心与原点竖直共线，标注尺寸时选择实体线与中心线，鼠标移至另一侧时将标注对称的全尺寸。

②单击工具栏中的"特征"→"旋转凸台/基体"按钮，系统以中心线为旋转轴，其他参数保持默认，结果如图 3-60 所示。

视频

旋转特征

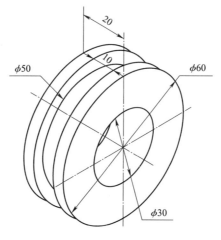

图 3-58 "滑轮"模型

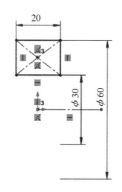

图 3-59 绘制草图（一）

图 3-60 旋转特征

③以"前视基准面"为基准绘制如图 3-61 所示草图，矩形关于竖直中心线对称。

④单击工具栏中的"特征"→"旋转切除"按钮，以中心线为旋转轴，其他参数保持默认。

⑤单击工具栏中的"特征"→"圆角"按钮，选择 φ60、φ50 三个外圆周面 6 条边线创建 R1 圆角特征，单击工具栏中的"特征"→"倒角"按钮，选择 φ30 内孔面 2 条边线创建 C1 倒角特征，结果如图 3-62 所示。

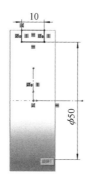

图 3-61 绘制草图（二）

图 3-62 旋转切除

⑥以"滑轮"命名文件,并保存备用。

注意:
- 旋转草图轮廓中直径尺寸的标注方法。
- 默认以草图中的中心线作为旋转轴。

3.6.3 装饰螺纹线各属性的含义

装饰螺纹线是轴类零件上常用的特征,可通过选择菜单栏中的"插入"→"注解"→"装饰螺纹线"命令进行添加,其属性管理器如图3-63所示。

①螺纹设定:选择圆柱边线,默认从所选边线处开始生成螺纹线,再根据需要调整相关参数。所生成的"装饰螺纹线"不是一个独立的特征,会依附于所选的参考圆柱特征,进行编辑修改时需要展开该特征再选择相应的"装饰螺纹线"进行编辑。内孔与凸台生成"装饰螺纹线"的方法相同。

②标准:可根据需要切换不同的螺纹标准。
③类型:选择螺纹的类型。
④大小:选择螺纹的规格大小,当"标准"选择"无"时,可输入所需的螺纹大小尺寸。
⑤终止条件:选择确定螺纹长度的参数,当选择"给定深度"时,需要进一步输入所需的尺寸值。

图3-63 装饰螺纹线属性管理器

3.6.4 装饰螺纹线的添加

完成图3-64所示实例模型"芯轴"的创建。

视频
装饰螺纹线

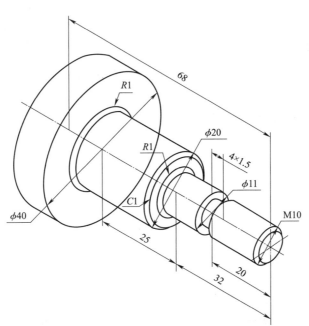

图3-64 "芯轴"模型

操作步骤如下：

①以"前视基准面"为基准绘制如图3-65所示草图。

②单击工具栏中的"特征"→"旋转凸台/基体"按钮，系统以中心线为旋转轴，其他参数保持默认，结果如图3-66所示。

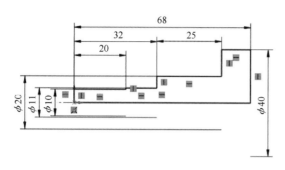

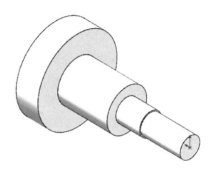

图 3-65　绘制草图（一）　　　　　　　图 3-66　旋转特征

③以"前视基准面"为基准绘制图3-67所示草图。

④单击工具栏中的"特征"→"旋转切除"按钮，以中心线为旋转轴，其他参数保持默认，结果如图3-68所示。

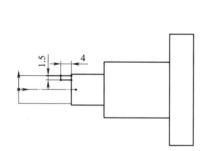

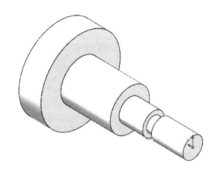

图 3-67　绘制草图（二）　　　　　　　图 3-68　旋转切除

⑤单击工具栏中的"特征"→"倒角"按钮，"要倒角化的项目"选择大圆柱体外端边线及第二个圆柱体右侧边线，"距离"输入1 mm，"角度"输入值"45度"，结果如图3-69所示。

⑥单击工具栏中的"特征"→"圆角"按钮，"要圆角化的项目"选择两个较大圆柱体的连接边线，"半径"输入1 mm，结果如图3-70所示。

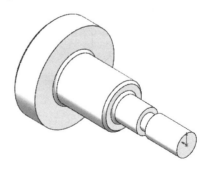

图 3-69　添加倒角（一）　　　　　　　图 3-70　添加圆角

⑦选择菜单栏中的"插入"→"注解"→"装饰螺纹线"命令,"圆形边线"选择最右侧圆柱体边线,"标准"选择 GB,"终止条件"选择"成形到下一面",结果如图 3-71 所示。

⑧单击工具栏中的"特征"→"倒角"按钮,"要倒角化的项目"选择最右侧圆柱体边线,"距离"输入 1 mm,"角度"输入值"45 度",结果如图 3-72 所示。

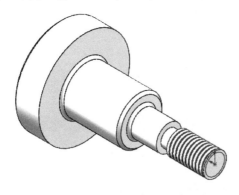
图 3-71　添加装饰螺纹线

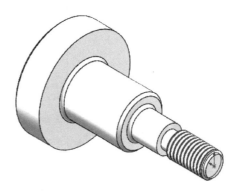
图 3-72　添加倒角（二）

⑨以"芯轴"命名零件,并保存备用。

注意:

- 虽然该案例中可以在同一草图中表达旋转凸台与旋转切除的草图,但此处分为两步完成,其主要原因是简化草图、适当考虑工艺性因素。
- "装饰螺纹线"命令默认在命令栏中没有出现,可以通过"自定义"方式将其放至命令栏。

3.7　扫　　描

"扫描"是将一轮廓沿着给定的路径扫过而形成实体的一种特征生成方法。

"扫描"命令包含"扫描" 和"扫描切除" 两种。

3.7.1　扫描各属性的含义

"扫描"属性管理器包含"轮廓与路径""引导线""选项""起始处和结束处相切""薄壁特征"等多个部分。各部分及其所包含的子选项如图 3-73 所示。

扫描概述

①轮廓和路径:用于选择扫描轮廓与路径。轮廓可以是草图也可是实体表面（平面）,必须封闭;路径可以是开环也可以是闭环,支持草图、空间线、模型边线作为路径。如果草图为单一圆,可以不绘制草图,直接选择"圆形轮廓",再输入所需的直径即可。

②引导线:用于轮廓按路径扫描的同时,受所选引导线影响而变化相应尺寸值,如图 3-74（a）所示。圆形轮廓草图沿中心的路径扫描,一侧的草图作为引导线（可以是多根）,在引导线尺寸相对于路径变化时,轮廓圆也同步变化直径,结果如图 3-74（b）所示。

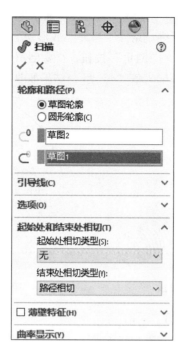

图 3-73 扫描属性管理器

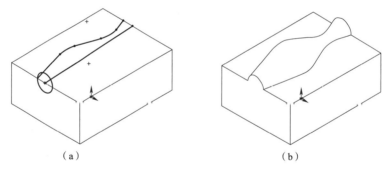

图 3-74 引导线的作用

③起始处和结束处相切：用于控制轮廓在起始与结束处的状态。

④薄壁特征：将轮廓保留一定壁厚再扫描，结果是空心的，对于水管、空调风管之类的零件可以起到简化草图的作用。

⑤扫描切除：该命令是将扫描的过程用于去除材料，其选项与"扫描"相比增加了"实体轮廓"项，如用于模拟铣刀沿预定路径铣削材料。如图 3-75（a）所示，圆柱体为铣刀形状的实体模型，草图线为路径。在如图 3-75（b）所示的属性管理器中选中"实体轮廓"单选按钮，选择对象后单击"确定"按钮，结果如图 3-75（c）所示。

视频
扫描实例

3.7.2 扫描特征的创建

完成图 3-76 所示实例模型的创建。

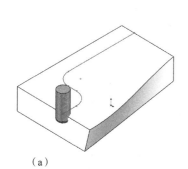
（a）

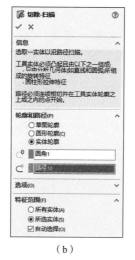
（b）

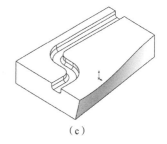
（c）

图 3-75 实体轮廓

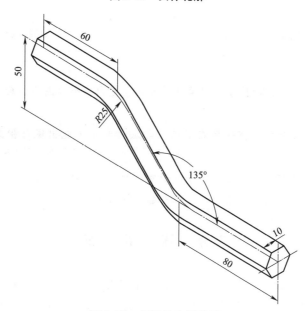

图 3-76 扫描的实例模型

操作步骤如下：

①以"前视基准面"为基准绘制如图 3-77 所示草图。

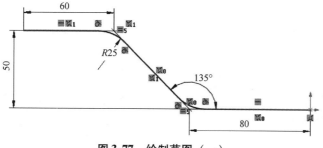

图 3-77 绘制草图（一）

②以"右视基准面"为基准绘制如图 3-78 所示草图。

③单击工具栏中的"特征"→"扫描"按钮,"轮廓"选择"草图 2","路径"选择"草图 1",其他参数保持默认,结果如图 3-79 所示。

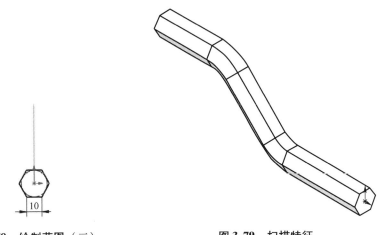

图 3-78　绘制草图(二)　　　　　图 3-79　扫描特征

注意:
- 路径与轮廓草图须分别位于不同草绘平面内,退出一个草图绘制后方可开始另一草图的绘制。
- 轮廓与路径定义时要保证轮廓在沿路径扫描过程中不能出现自相交现象,否则会生成失败。
- 路径要以轮廓所在平面为起点或穿过轮廓所处平面与之相交。
- 路径可以是开环,也可以是闭环,但轮廓必须封闭。

3.8　基　准　面

基准面是 SOLIDWORKS 中基本元素之一,其中作为基本特征的 2D 草图必须基于基准面创建,系统带有三个默认基准面,当默认基准面无法满足建模需要时,可以根据需要创建新的基准面,基准面除了用来绘制草图外,还可用于生成模型的剖面视图、拔模特征中的中性面、镜像的参考面等。

3.8.1　基准面各属性的含义

单击工具栏中的"特征"→"参考几何体"→"基准面"按钮,打开如图 3-80 所示的属性管理器,系统提供 3 个参考项,均为选择参考对象,根据所选对象的不同而出现不同的下级选项。

其中,"第一参考"可选择对象包括点、线、面等,系统会根据所选对象自动列出关联的选项,主要选项见表 3-1。

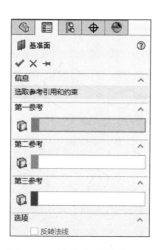

图 3-80 基准面属性管理器

表 3-1 基准面选项

序号	图标	定义	描述
1		重合	基准面与所选点重合
2		平行	与选定的参考面平行
3		垂直	与选定的参考对象（草图线、边线、空间线）垂直
4		投影	将单个对象（如点、顶点、原点、坐标系）投影到空间曲面上
5		平行于屏幕	平行于当前视向
6		相切	相切于所选对象（圆柱面、圆锥面、曲面等）
7		两面夹角	与所选对象（平面、基准面）形成一定夹角，需输入角度值
8		偏移距离	与所选对象（平面、基准面）偏移一定距离，需输入距离值
9		反转法线	翻转基准面的正交向量
10		两侧对称	在所选两个对象（平面、基准面）中间生成基准面

有些基准面功能需要选择"第二参考"甚至"第三参考"才能生成，如三点基准面须选择 3 个参考点。SOLIDWORKS 中基准面为智能创建模式，系统会根据所选择的对象不同，自动匹配相应的基准面创建功能，无须先决定采用何种方式创建基准面，大部分生成方式只需要选择合适的参考对象即可。

3.8.2 基准面的创建

完成图 3-81 所示实例模型的创建（以下步骤为练习所学命令而设计，并非最佳建模思路）。

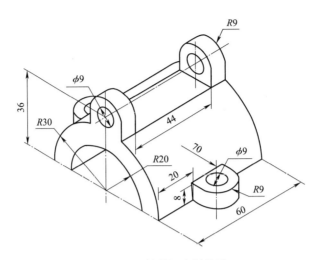

图 3-81　基准面实例模型

操作步骤如下：

①以"前视基准面"为基准绘制如图 3-82 所示草图。

②单击工具栏中的"特征"→"拉伸凸台/基体"按钮，"终止条件"选择"给定深度"，"深度"输入 60 mm，结果如图 3-83 所示。

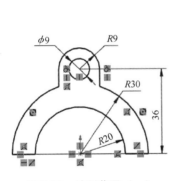
图 3-82　绘制草图（一）

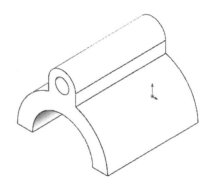
图 3-83　拉伸特征（一）

③以拉伸特征的两个端面为参考，单击工具栏中的"特征"→"参考几何体"→"基准面"按钮，创建两面的中间面为新的基准面，如图 3-84 所示。

④以新创建的"基准面 1"为基准绘制如图 3-85 所示草图，并进行尺寸标注。

⑤单击工具栏中的"特征"→"拉伸切除"按钮，"终止条件"选择"两侧对称"，"深度"输入 44 mm，结果如图 3-86 所示。

⑥以拉伸特征的左端面为参考，向 Z 轴的负方向偏距 20 mm 生成"基准面 2"，结果如图 3-87 所示。

⑦以新创建的"基准面 2"为基准绘制如图 3-88 所示草图。

⑧单击工具栏中的"特征"→"拉伸凸台/基体"按钮，"终止条件"选择"给定深度"，"深度"输入 18 mm，结果如图 3-89 所示。该特征亦可以"基准面 1"为基准绘制草图，"终止条件"选择"两侧对称"，"深度"输入 18 mm，进行创建。

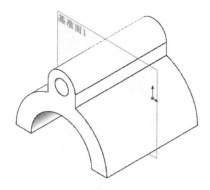
图 3-84 创建基准面（一）

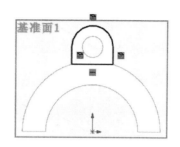
图 3-85 绘制草图（二）

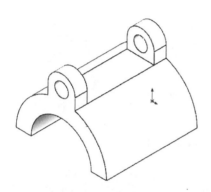
图 3-86 拉伸切除

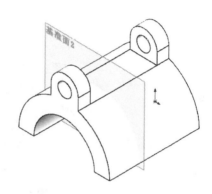
图 3-87 创建基准面（二）

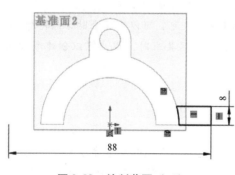
图 3-88 绘制草图（三）

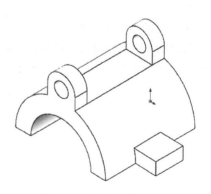
图 3-89 拉伸特征（二）

⑨单击工具栏中的"特征"→"圆角"按钮，"圆角类型"选择"完整圆角"，"要圆角化的项目"分别选择上一步拉伸特征的3个侧面，结果如图3-90所示。

⑩单击工具栏中的"特征"→"简单直孔"按钮，选择上一步圆角的上表面为参考，"终止条件"选择"完全贯穿"，"孔直径"输入9 mm，移动孔中心至圆弧圆心位置，结果如图3-91所示。

⑪单击工具栏中的"特征"→"镜像"按钮，"镜像面/基准面"选择"右视基准面"，"要镜像的特征"选择第8、9、10步所创建的3个特征，结果如图3-92所示。

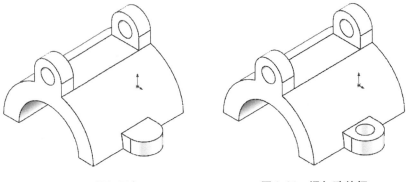

图 3-90　添加圆角　　　　　图 3-91　添加孔特征

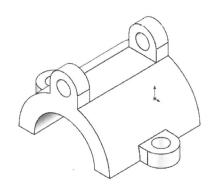

图 3-92　镜像特征

注意：
- 实际建模时可依据创建方便、利于编辑的角度选择合适的方法。
- 拉伸切除时所绘制的草图只需要涵盖所切除区域即可，可以不完全贴合原轮廓。
- 系统所含的基准面、坐标系等不能满足用户的使用要求时，用户可以创建参考基准面、基准轴、坐标系和点等。这里只介绍参考基准面。

3.9　阵　　列

阵列可以将同一特征按一定规律大量快速复制，是建模常用的基本命令之一。当源特征经过编辑修改时，阵列特征也会自动同步修改，当源特征被删除后，阵列特征也将不复存在。

常用的阵列命令有"线性阵列" 和"圆周阵列" 两种。

3.9.1　线性阵列各属性的含义

"线性阵列"用于沿一个或两个线性路径阵列一个或多个特征，属性管理器如图 3-93 所示，可以选择两个方向进行阵列。

①方向 1：选择第一个阵列参考方向，可以选择线性边线、直线、轴、尺寸、圆锥面、圆形边线或参考平面。"间距与实例数"可以确定每个阵列对象间的间距及需要阵列的数量，数量包含源特征在内；"到参考"需要选择一个参考对象，可以是点、实线、面，且这些所选对

象需要垂直于阵列方向，此时在"偏移距离"中输入的数值是指阵列完成后最后一个特征到所选参考的距离，而阵列对象之间的距离是由源对象到所选参考之间的距离再减去"偏移距离"后再除以阵列数量而得。

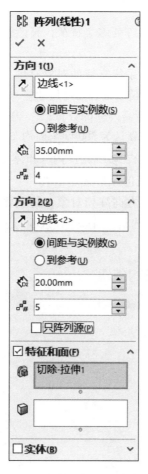

图 3-93　线性阵列属性管理器

②方向 2：选择另一个方向的参考，其基本参数与"方向 1"相同，只多了一个"只阵列源"选项，选中该选项，方向 2 上只生成源特征一个对象的阵列。如图 3-94（a）所示，阵列三角形特征时未选择"只阵列源"，而图 3-94（b）是选择了"只阵列源"。

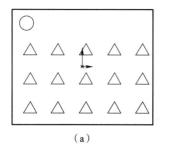
（a）

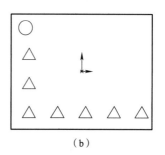
（b）

图 3-94　只阵列源选项

③特征和面：选择所需阵列的源特征或面。

④实体：当阵列对象为多实体零件中的单一实体时用该选项进行选择。

3.9.2 圆形阵列各属性的含义

"圆形阵列"用于在圆周方向上阵列多个特征，属性管理器如图 3-95 所示。

①方向 1：选择阵列的参考轴，系统支持的对象有轴、圆形边线、线性边线、草图直线、圆柱面、旋转面、角度尺寸等。"实例间距"用于指定阵列对象间的角度及所需阵列的数量；"等间距"用于在一定角度范围内均布阵列对象，默认为 360 度全周均布。"总角度" 用于输入阵列对象间的角度或在多少角度内均布阵列；"实例数" 确定需要阵列的数量，其值包含源特征在内。

②方向 2：与"方向 1"相反的方向阵列对象，其主要参数与"方向 1"相同，多了一个"对称"选项，当选中该选项时，以源对象为中心两侧阵列参数一致。

图 3-95 圆周阵列属性管理器

视频
阵列实例-1

3.9.3 扫描及阵列特征的创建

完成图 3-96 所示实例模型的创建。

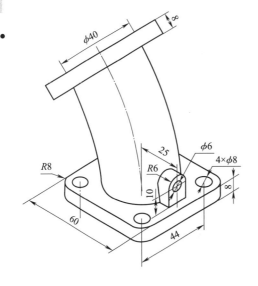
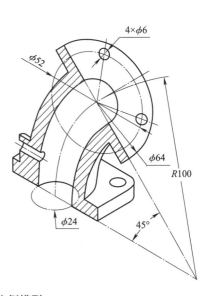

图 3-96 阵列的实例模型

操作步骤如下：

①以"前视基准面"为基准绘制如图 3-97 所示草图。

②单击工具栏中的"特征"→"扫描"按钮，"轮廓与路径"选择"圆形轮廓"，"路径"选择"草图 1"，"直径"输入 40 mm，其他参数保持默认，结果如图 3-98 所示。

③以扫描特征的顶面为基准绘制如图 3-99 所示草图。

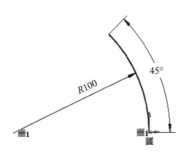
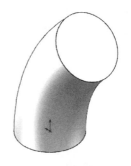

图3-97 绘制草图（一）　　　　　图3-98 扫描特征

④单击工具栏中的"特征"→"拉伸凸台/基体"按钮，"终止条件"选择"给定深度"，方向向着已有扫描实体，"深度"输入8 mm，结果如图3-100所示。

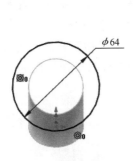

图3-99 绘制草图（二）　　　　　图3-100 拉伸特征（一）

⑤以拉伸特征的端面为基准绘制如图3-101所示草图，该草图是为了下一步的孔作为参考用，所以草图元素均转化为"构造几何线"，由于其并未作为特征草图使用，也可以不转化。

⑥单击工具栏中的"特征"→"简单直孔"按钮，选择拉伸特征的端面为参考，"终止条件"选择"成形到下一面"，"孔直径"输入6 mm，移动孔中心至角度参考线端点位置，结果如图3-102所示。

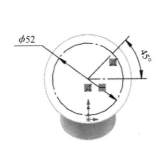

图3-101 绘制草图（三）　　　　　图3-102 创建孔（一）

⑦单击工具栏中的"特征"→"圆周阵列"按钮，"方向1"选择拉伸特征的圆柱表面，选择"等间距"选项，"角度"输入值"360度"，"实例数"输入值"4"，"特征和面"选择

"孔1"，结果如图3-103所示。

⑧以"上视基准面"为基准绘制如图3-104所示草图。

图3-103 阵列孔（一）

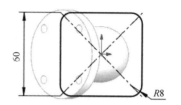

图3-104 绘制草图（四）

⑨单击工具栏中的"特征"→"拉伸凸台/基体"按钮，"终止条件"选择"给定深度"，方向向着已有扫描实体，"深度"输入8 mm，结果如图3-105所示。

⑩单击工具栏中的"特征"→"异型孔向导"按钮，"孔类型"选择"孔"，"标准"选择GB，"类型"选择"钻孔大小"，"大小"选择φ8，"终止条件"选择"成形到下一面"，"位置"选择底座上圆弧的圆心，结果如图3-106所示。

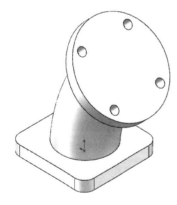

图3-105 拉伸特征（二）

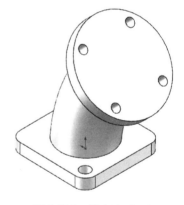

图3-106 创建孔（二）

⑪单击工具栏中的"特征"→"线性阵列"按钮，"方向1"选择底座边线，"间距"输入44 mm，"实例数"输入2，"方向2"选择底座另一边线，"间距"输入值44 mm，"实例数"输入2，"要阵列的特征"选择"孔2"，结果如图3-107所示。

⑫单击工具栏中的"特征"→"扫描切除"按钮，"轮廓和路径"选择"圆形轮廓"，"路径"选择"草图1"，"直径"输入尺寸24 mm，其他参数保持默认，结果如图3-108所示。

注意：在 SOLIDWORKS 中，草图允许被多个特征使用，当被多个特征使用时，其设计树中的图标变为 ，表示该草图为共享草图。

⑬以"右视基准面"为参考，向X轴的正方向偏距25 mm生成"基准面1"，结果如图3-109所示。

⑭以新建基准面为基准绘制如图3-110所示的草图。

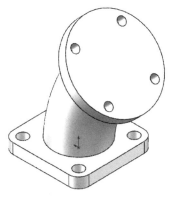
图 3-107 阵列孔（二）

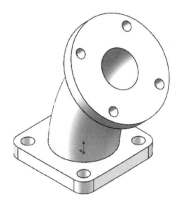
图 3-108 扫描切除

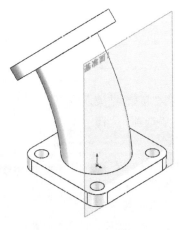
图 3-109 创建基准面

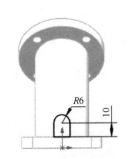
图 3-110 绘制草图（五）

⑮单击工具栏中的"特征"→"拉伸凸台/基体"按钮，"终止条件"选择"成形到下一面"，结果如图 3-111 所示。

⑯单击工具栏中的"特征"→"简单直孔"按钮，选择上一步拉伸特征的端面为参考，"终止条件"选择"成形到下一面"，"孔直径"输入 6 mm，移动孔中心至拉伸特征的圆弧圆心位置，结果如图 3-112 所示。

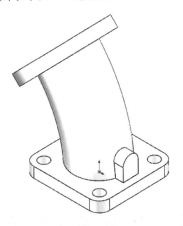
图 3-111 拉伸特征（三）

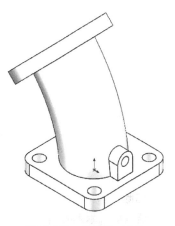
图 3-112 创建孔（三）

注意：

- 侧面凸台的草绘平面也可以选择右视基准面，并使用"等距"选项，从离右视基准面一定距离开始拉伸。
- 选择圆周阵列的阵列轴时，可以选择以该轴为回转轴的回转面来替代，方便选取。
- 该模型中，孔使用了两种创建方法，实际使用时如果孔是确定的光孔，用"简单直孔"能简化输入，提高效率。当孔在后续设计中可能更改为其他类型的孔时，则优先使用"异形孔向导"完成，方便调整孔类型。

3.10 放 样

"放样"是将一组多个不同的轮廓过渡连接而形成实体的一种特征创建方法。

"放样"命令包含"放样凸台/基体"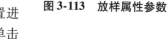和"放样切除"两种。

3.10.1 放样各属性的含义

1. "放样凸台/基本"命令

其属性对话框主要包括七组参数，"轮廓""起始/结束约束""引导线""中心线参数""草图工具""选项""薄壁特征"，各部分及其所包含的子选项如图3-113所示。

①轮廓：用于选择参与放样的轮廓，可以是草图、面、边线、点，各轮廓间不能相交，相交时会产生无法预料的结果或完全无法生成放样。由于放样有时会用到多个轮廓，多个轮廓的选择要按先后顺序选择，如果顺序有误，可使用 ↑ ↓ 按钮上下调整轮廓顺序。

②开始/结束约束：用于控制放样在起始与结束处的处理方式，共有"方向向量""垂直于轮廓""与面相切""与面的曲率"4个子选项，哪个选项可选取决于轮廓的特性。如果是已有实体的表面，则4个选项均可选；如果是草图轮廓，则只有前两个选项可选。

③引导线：控制整个放样的形状走向，可以强迫放样走向依据所选参考线变化，引导线须与轮廓相交，可以是多根同时使用。

④中心线参数：控制整个放样形状走向，其与"引导线"的区别是"中心参数线"只需要与轮廓所在平面相交，而无须与轮廓相交，且一个放样只支持一根中心线。

⑤草图工具：当轮廓草图是"3D草图"时，可对草图位置进行拖动，放样实时更新，如图3-114所示。在"草图工具"中单击"拖动草图"后就可在图形区任意拖动草图而无须退出"放样"命令进行草图修改。

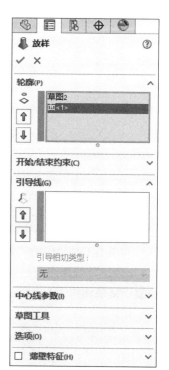

图3-113 放样属性参数

⑥选项/闭合放样：使起始轮廓与结束轮廓之间闭合形成封闭的环状放样结果。

⑦薄壁特征：与"扫描"的定义相同，用于生成一定壁厚的特征。

2. "放样切除"命令

其属性对话框的基本参数与"放样凸台/基体"相同，不同的是"放样切割"用于切除已有实体。

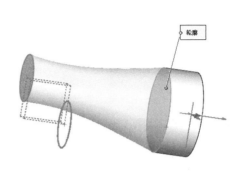

图 3-114 草图工具

3.10.2 放样特征的创建

完成图 3-115 所示实例模型的创建。

放样实例

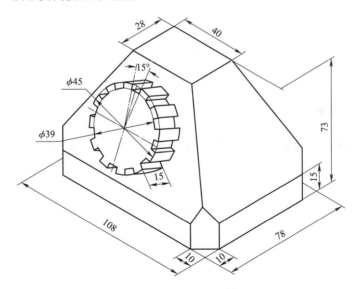

图 3-115 放样的实例模型

操作步骤如下：

①以"上视基准面"为基准绘制如图 3-116 所示草图。

②单击工具栏中的"特征"→"拉伸凸台/基体"按钮，"终止条件"选择"给定深度"，"深度"输入 15 mm，结果如图 3-117 所示。

③以"上视基准面"为参考，向 Y 轴的正方向偏距 73 mm 生成"基准面 1"，结果如图 3-118 所示。

④以新建"基准面 1"为基准绘制如图 3-119 所示草图。

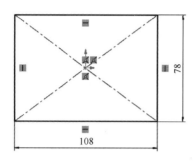
图 3-116 绘制草图（一）

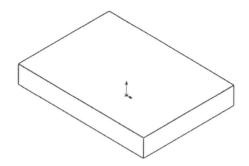
图 3-117 拉伸特征（一）

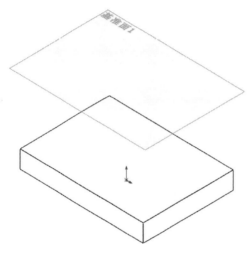
图 3-118 创建基准面

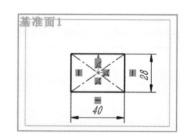
图 3-119 绘制草图（二）

⑤单击工具栏中的"特征"→"放样凸台/基体"按钮，"轮廓"依次选择"草图2"与长方体的上表面，其他参数保持默认，结果如图 3-120 所示。

⑥单击工具栏中的"特征"→"倒角"按钮，"倒角类型"选择"距离距离"，"要倒角化的项目"选择长方体的 4 条侧边线，"距离"输入 10 mm，结果如图 3-121 所示。

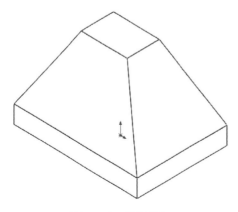
图 3-120 放样特征

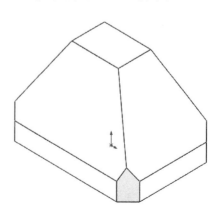
图 3-121 添加倒角

⑦以放样特征中面积较大的面为基准绘制如图3-122所示草图。

⑧单击工具栏中的"特征"→"拉伸凸台/基体"按钮,"终止条件"选择"给定深度","深度"输入15 mm,结果如图3-123所示。

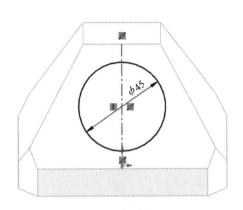

图3-122 绘制草图(三)

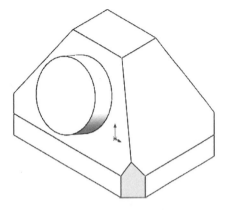

图3-123 拉伸特征(二)

⑨以圆柱凸台的上表面为基准绘制如图3-124所示草图。

⑩单击工具栏中的"特征"→"拉伸切除"按钮,"终止条件"选择"成型到一面",并选择圆柱凸台草图面为参考面,结果如图3-125所示。

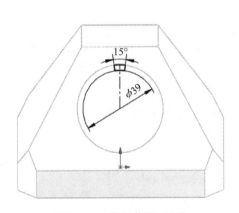

图3-124 绘制草图(四)

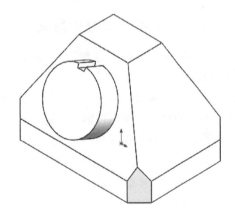

图3-125 拉伸切除

⑪单击工具栏中的"特征"→"线性阵列"→"圆周阵列","方向1"选择圆柱凸台外表面,选择"等间距"选项,"角度"输入值"360度","实例数"输入12,"特征和面"选择拉伸切除特征,结果如图3-126所示。

注意:
- 放样轮廓可以是草图,也可以是面,各轮廓间不能相交。
- 3个及以上轮廓进行放样时,需要按放样顺序进行选择,以防无法生成特征。
- 各轮廓上的匹配点(以绿色圆点显示)在执行放样命令时相互对应,否则可能出现不能生成实体的情况。匹配点不对应时可以通过鼠标拖动进行位置更改。

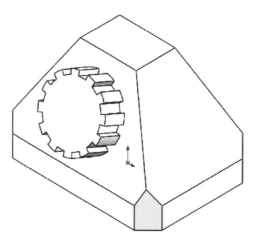

图 3-126　阵列特征

3.11　抽　　壳

"抽壳"是对已有实体进行抽空处理，从而形成等壁厚或不等壁厚实体的一种特征创建方法。

3.11.1　抽壳各属性的含义

"抽壳"参数主要有"参数""多厚度设定"两组参数，如图 3-127 所示。

①参数："厚度"用于确定抽壳留下的壁厚厚度值，该值通常要求小于模型上的最小曲率，否则有可能造成操作失败。"移除的面" 选择需要敞开的面，该面将被抽空，面可以是一个整面，也可以是通过分割线切割后的面。"壳厚朝外"选项使得实体并非保留下壁厚部分，而是在现有实体外侧增加壁厚部分，而实体会被全部移除。

②多厚度设定：用于设置与"参数"中"厚度" 值不一样的部分，可以设置多个厚度，选择所需厚度不一样的面，然后输入所需的值。

图 3-127　设置抽壳属性参数

3.11.2　抽壳特征的创建

在 3.10.2 节实例的基础上完成图 3-128 所示实例模型的创建。

操作步骤如下：

①由于整体需要抽壳，而在原模型上直接进行抽壳操作，其中的齿形部分也会参与抽壳，这显然是不符合要求的，所以需要首先拖动设计树上的"控制棒"至齿形特征之前，如图 3-129（a）所示，拖动之后模型如图 3-129（b）所示。这种操作是在已有模型中插入新特征的主要方法。

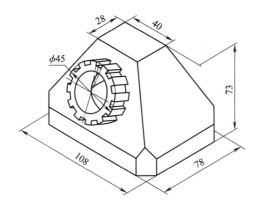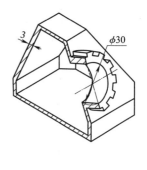

图 3-128　抽壳的基本操作

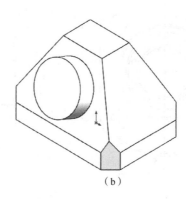

（a）　　　　　　　　　　　　　　　（b）

图 3-129　移动控制棒位置

②单击工具栏中的"特征"→"抽壳"按钮,"厚度"输入 3 mm,"移除的面"选择圆柱凸台端面,"多厚度"输入 7.5 mm,并选择圆柱凸台的圆柱面,结果如图 3-130 所示。

注意：为了观察内部结构,显示样式更改为"隐藏线可见"。

③拖动设计树上的"控制棒"至最末位置,结果如图 3-131 所示。

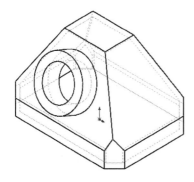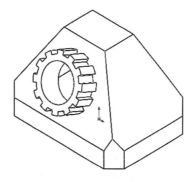

图 3-130　抽壳特征　　　　图 3-131　拖动控制棒至末尾

注意：
- 抽壳的移除面可以是单个，也可以是多个。
- 灵活使用"控制棒"将特征放置于合适的位置，有利于对模型的整体规划。

3.12 模型创建实例

实际建模过程中并非单一特征创建，大多综合利用各种特征功能有机地融合在一起完成。下面介绍较复杂模型的创建过程。

注意： 为使草图便于观察，草图的截图中隐藏了几何关系。

3.12.1 轴

完成图 3-132 所示的实例模型创建。

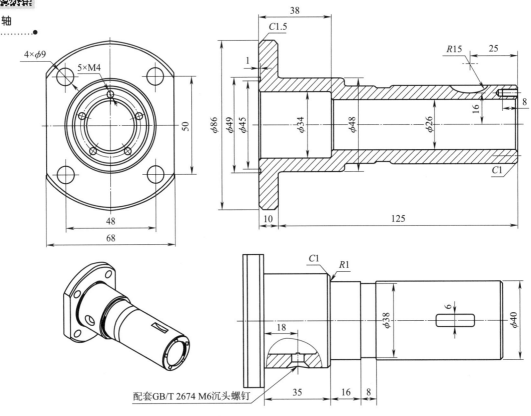

图 3-132 轴的实例模型

操作步骤如下：

①以"右视基准面"为基准绘制如图 3-133 所示草图，中间竖直的辅助线用于左右两侧线的对称参考。

②单击工具栏中的"特征"→"拉伸凸台/基体"按钮，"终止条件"选择"给定深度"，"深度"输入 10 mm，结果如图 3-134 所示。

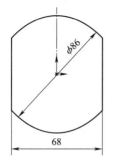
图 3-133 绘制草图（一）

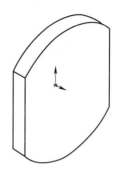
图 3-134 拉伸特征

③以"前视基准面"为基准绘制如图 3-135 所示草图，注意添加回转中心轴线。

④单击工具栏中的"特征"→"旋转凸台/基体"按钮，系统以中心线为旋转轴，其他参数保持默认，结果如图 3-136 所示。

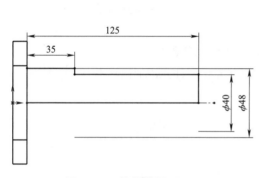
图 3-135 绘制草图（二）

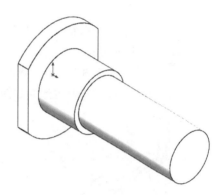
图 3-136 旋转特征

⑤以拉伸特征的端面为基准绘制如图 3-137 所示草图，该草图只有一个点，用于接下去简单直孔的定位参考。

⑥单击工具栏中的"特征"→"简单直孔"按钮，选择拉伸特征的端面为参考，"终止条件"选择"成形到下一面"，"孔直径"输入 9 mm，移动孔中心至参考点，结果如图 3-138 所示。

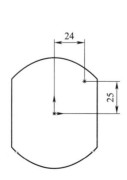
图 3-137 绘制草图（三）

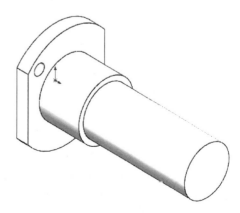
图 3-138 简单直孔

⑦单击工具栏中的"特征"→"镜像"按钮,"镜像面/基准面"选择"前视基准面","次要镜像面/平面"选择"上视基准面","要镜像的特征"选择直孔,结果如图3-139所示。

⑧以"前视基准面"为基准绘制如图3-140所示草图,注意添加回转中心轴线。

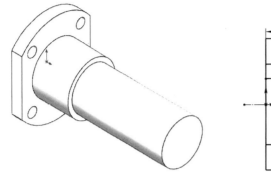 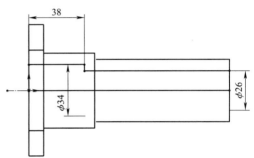

图 3-139　阵列孔　　　　　　　图 3-140　绘制草图（四）

⑨单击工具栏中的"特征"→"旋转切除"按钮,以中心线为旋转轴,其他参数保持默认,结果如图3-141所示。

注意：此处为了显示内部结构,进行了"剖面视图"查看。

⑩以"前视基准面"为基准绘制如图3-142所示草图,注意添加回转中心轴线。

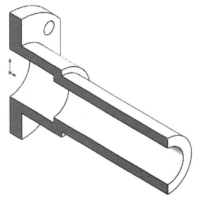 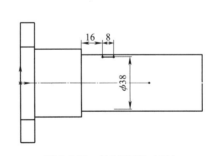

图 3-141　旋转切除（一）　　　图 3-142　绘制草图（五）

⑪单击工具栏中的"特征"→"旋转切除"按钮,以中心线为旋转轴,其他参数保持默认,结果如图3-143所示。

⑫以"前视基准面"为基准绘制如图3-144所示草图。

⑬单击工具栏中的"特征"→"拉伸切除"按钮,"终止条件"选择"两侧对称","深度"输入6 mm,结果如图3-145所示。

⑭单击工具栏中的"特征"→"异型孔向导"按钮,"孔类型"选择"锥形沉头孔","标准"选择GB,"类型"选择"内六角花形沉头螺钉","大小"选择M6,"终止条件"选择"成形到下一面","位置"选择较大圆柱的表面,并将定位点与"上视基准面"添加"在平面上"的几何关系,结果如图3-146（a）所示。标注其到拉伸特征与旋转特征相交面的尺寸为18,结果如图3-146（b）所示。

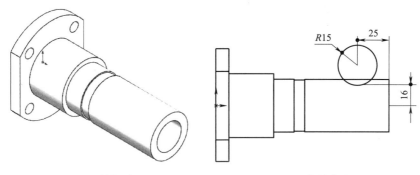

图 3-143 旋转切除（二）　　图 3-144 绘制草图（六）

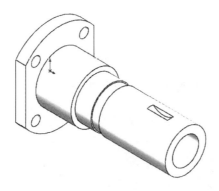

图 3-145 拉伸切除（一）

注意：孔定位点为"3D草图"，在标注尺寸时要注意选择点与参考面，而不能选择点与边线，选择点与边线时将会标注空间倾斜的尺寸。

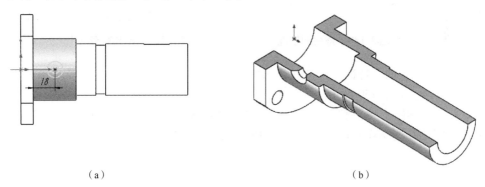

（a）　　　　　　　　　　　　　　　　（b）

图 3-146 添加孔

⑮单击工具栏中的"特征"→"异型孔向导"按钮，"孔类型"选择"直螺纹孔"，"标准"选择 GB，"类型"选择"底部螺纹孔"，"大小"选择 M4，"终止条件"选择"给定深度"，深度值保持默认值，"位置"选择回转体右端面，如图 3-147（a）所示。绘制辅助圆作定位参考，结果如图 3-147（b）所示。

⑯单击工具栏中的"特征"→"线性阵列"→"圆周阵列"，"方向1"选择圆柱表面，选择"等间距"选项，"角度"输入"360度"，"实例数"输入值5，"特征和面"选择螺纹孔，

"选项"中选择"延伸视象属性",结果如图 3-148 所示。

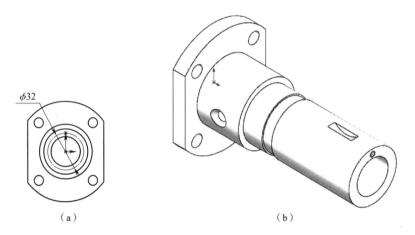

图 3-147　添加螺纹孔

⑰以拉伸特征的端面为基准绘制如图 3-149 所示草图。

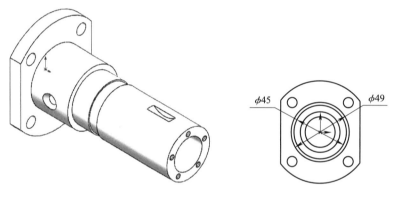

图 3-148　阵列螺纹孔　　　　图 3-149　绘制草图（七）

⑱单击工具栏中的"特征"→"拉伸切除"按钮,"终止条件"选择"给定深度",深度输入 1 mm,结果如图 3-150 所示。

⑲单击工具栏中的"特征"→"圆角"按钮,"要圆角化的项目"选择图样所示的 3 条内圆角边线,"半径"输入 1 mm,结果如图 3-151 所示。

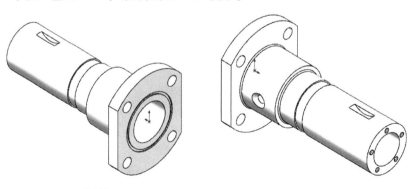

图 3-150　拉伸切除（二）　　　　图 3-151　添加圆角

⑳单击工具栏中的"特征"→"圆角"→"倒角"按钮,"要倒角化的项目"选择旋转体的外倒角边线及旋转切除的外倒角边线,"距离"输入 1 mm,"角度"输入"45 度",结果如图 3-152 所示。

㉑单击工具栏中的"特征"→"倒角"按钮,"要倒角化的项目"选择拉伸特征的两端圆边线,"距离"输入 1.5 mm,"角度"输入"45 度",结果如图 3-153 所示。

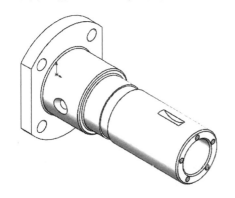
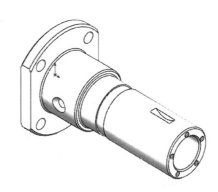

图 3-152　添加倒角（一）　　　　　　　图 3-153　添加倒角（二）

该模型中部分旋转草图可以合并为一步操作,为什么要分开为多步?这是因为草图过于复杂会增加编辑修改难度,而实际设计中,这些特征分布于不同工艺步骤中,当需要工艺图时,可以将这些分开的步骤进行压缩从而得到相应的模型。而一步完成则无法快速获得,这是建模过程的工艺思考法则。

3.12.2　叉架

完成图 3-154 所示的叉架实例模型创建。

叉架-1

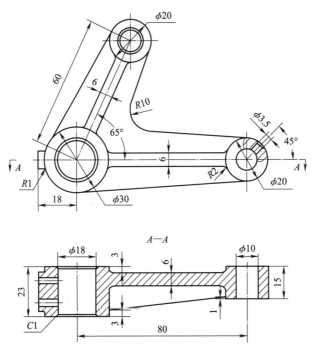

图 3-154　叉架的实例模型

操作步骤如下：

①以"前视基准面"为基准绘制如图 3-155 所示的草图。

②单击工具栏中的"特征"→"拉伸凸台/基体"按钮，"终止条件"选择"给定深度"，"深度"输入 6 mm，结果如图 3-156 所示。

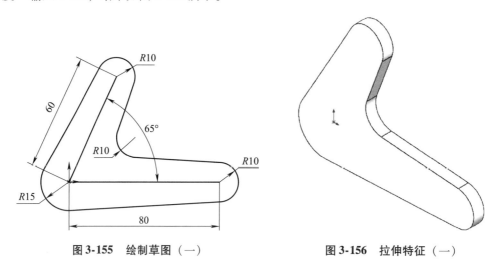

图 3-155　绘制草图（一）　　　　　图 3-156　拉伸特征（一）

③以"前视基准面"为基准绘制如图 3-157 所示的草图。

④单击工具栏中的"特征"→"拉伸凸台/基体"按钮，"终止条件"选择"给定深度"，"深度"输入 20 mm，选中"方向 2"复选框，"终止条件"选择"给定深度"，"深度"输入 3 mm，结果如图 3-158 所示。

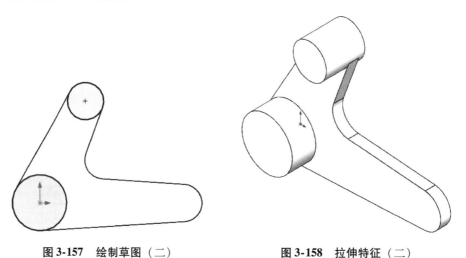

图 3-157　绘制草图（二）　　　　　图 3-158　拉伸特征（二）

⑤以"前视基准面"为基准绘制如图 3-159 所示草图。

⑥单击工具栏中的"特征"→"拉伸凸台/基体"按钮，"终止条件"选择"给定深度"，"深度"输入 12 mm，选中"方向 2"复选框，"终止条件"选择"给定深度"，"深度"输入"3 mm"，结果如图 3-160 所示。

⑦以"上视基准面"为基准绘制如图 3-161 所示草图。

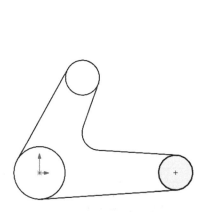
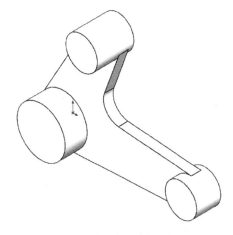

图 3-159　绘制草图（三）　　　　图 3-160　拉伸特征（三）

⑧单击工具栏中的"特征"→"筋"按钮，"厚度"选择"两侧"，"筋厚度"输入 6 mm，结果如图 3-162 所示。

注意：操作时注意通过预览观察筋方向是否符合预期，不符合时及时更改方向。

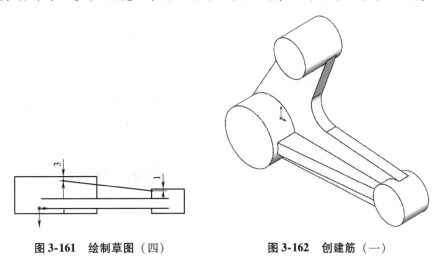

图 3-161　绘制草图（四）　　　　图 3-162　创建筋（一）

⑨以"前视基准面"及"草图 1"中两圆的中心线为参考创建新的基准面，如图 3-163 所示。

⑩以新建基准面为基准绘制如图 3-164 所示草图。

⑪单击工具栏中的"特征"→"筋"按钮，"厚度"选择"两侧"，"筋厚度"输入 6 mm，结果如图 3-165 所示。

⑫以"前视基准面"为基准绘制如图 3-166 所示草图。

⑬单击工具栏中的"特征"→"拉伸切除"按钮，"终止条件"选择"完全贯穿-两者"，结果如图 3-167 所示。

⑭以"右视基准面"为参考，向 X 轴的负方向偏距 18 mm 生成"基准面 2"，结果如图 3-168 所示。

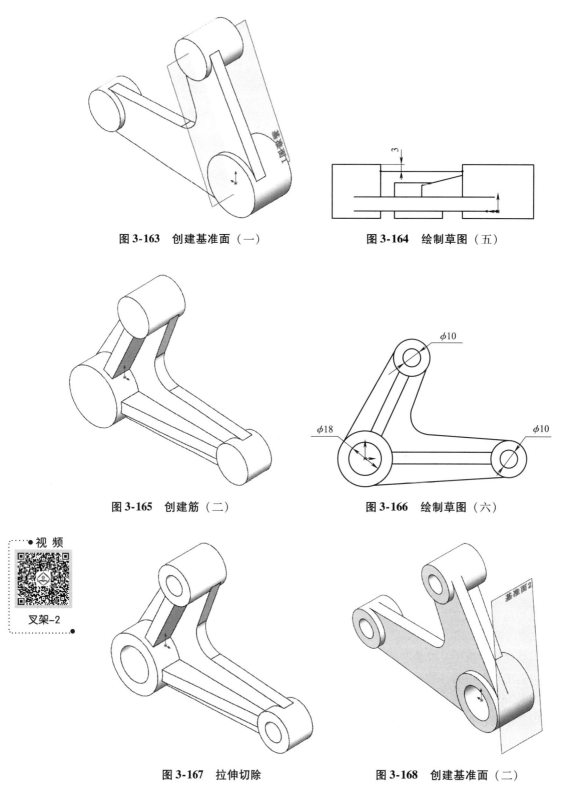

图 3-163 创建基准面（一）　　图 3-164 绘制草图（五）

图 3-165 创建筋（二）　　图 3-166 绘制草图（六）

图 3-167 拉伸切除　　图 3-168 创建基准面（二）

⑮以新建基准面为基准绘制如图 3-169 所示草图。

⑯单击工具栏中的"特征"→"拉伸凸台/基体"按钮,"终止条件"选择"成形到下一面",结果如图3-170所示。

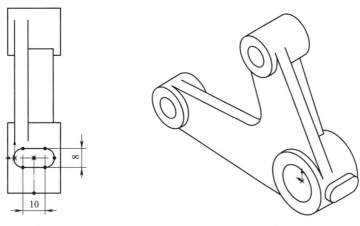

图3-169 绘制草图(七)　　图3-170 拉伸特征(四)

⑰单击工具栏中的"特征"→"简单直孔"按钮,选择上一步拉伸特征的端面为参考,"终止条件"选择"成形到下一面","孔直径"输入3 mm,移动孔中心至拉伸特征的右侧圆弧圆心位置,结果如图3-171所示。

⑱以最大圆柱体两端面为参考,创建两端面的中间基准面,如图3-172所示。

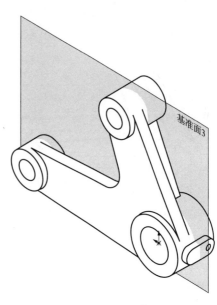

图3-171 创建简单孔　　图3-172 创建基准面(三)

⑲单击工具栏中的"特征"→"镜像"按钮,"镜像面/基准面"选择上一步创建的基准面,"要镜像的特征"选择简单直孔,结果如图3-173所示。

⑳以最小圆柱体两端面为参考,创建两端面的中间基准面,如图3-174所示。

㉑以新建基准面为基准绘制如图3-175所示草图。

㉒单击工具栏中的"特征"→"异型孔向导"按钮,"孔类型"选择"孔","标准"选择 GB,"类型"选择"钻孔大小","大小"选择"φ3.5","终止条件"选择"成形到下一面","位置"选择最小圆柱体表面,孔定位点与上一步绘制草图的斜线添加"使重合"的几何关系,结果如图 3-176 所示。

图 3-173 镜像简单孔

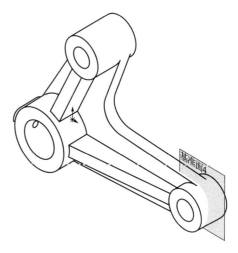

图 3-174 创建基准面(四)

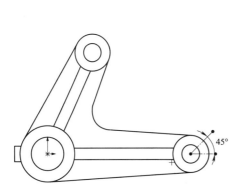

图 3-175 绘制草图(八)

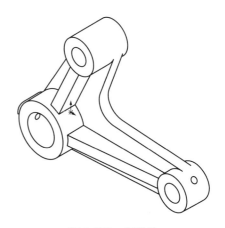

图 3-176 创建孔

㉓单击工具栏中的"特征"→"圆角"按钮,"要圆角化的项目"选择筋与圆柱体相交的竖直边,"半径"输入 2 mm,结果如图 3-177 所示。

㉔单击工具栏中的"特征"→"圆角"按钮,"要圆角化的项目"选择主体拉伸特征与筋圆柱体的相交边,包括反侧与圆柱体的相交边,"半径"输入 2 mm,结果如图 3-178 所示。

㉕单击工具栏中的"特征"→"圆角"按钮,"要圆角化的项目"选择筋特征的顶边线,"半径"输入 2 mm,结果如图 3-179 所示。

㉖单击工具栏中的"特征"→"圆角"按钮,"要圆角化的项目"选择主体拉伸特征的所有外侧边线,"半径"输入 2 mm,结果如图 3-180 所示。

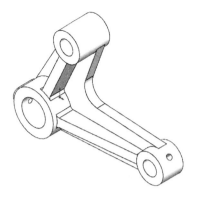
图 3-177 添加圆角（一）

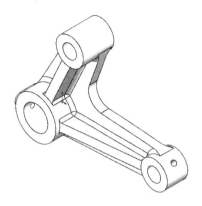
图 3-178 添加圆角（二）

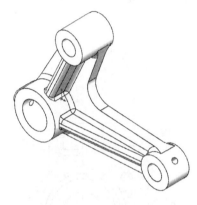
图 3-179 添加圆角（三）

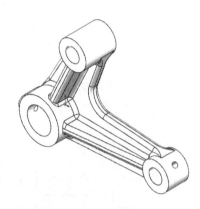
图 3-180 添加圆角（四）

㉗单击工具栏中的"特征"→"倒角"按钮，"要倒角化的项目"选择两个较大圆柱体的内孔圆边线，"距离"输入 1 mm，"角度"输入"45 度"，结果如图 3-181 所示。

㉘单击工具栏中的"特征"→"倒角"按钮，"要倒角化的项目"选择小圆柱体上的斜孔边线，"距离"输入 1 mm，"角度"输入"45 度"，结果如图 3-182 所示。

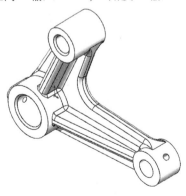
图 3-181 添加倒角（一）

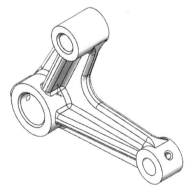
图 3-182 添加倒角（二）

㉙单击工具栏中的"特征"→"圆角"按钮，"要圆角化的项目"选择直槽型凸台与人圆柱体的交线，"半径"输入 1 mm，结果如图 3-183 所示。

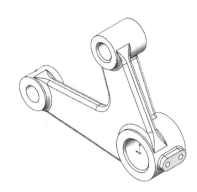

图 3-183 添加圆角（五）

该模型涉及的圆角较多，这也是铸件类零件的重要特点，练习时尝试改变圆角的先后顺序，观察不同顺序其结果的差异。

3.12.3 阀体

完成图 3-184 所示的阀体实例模型。

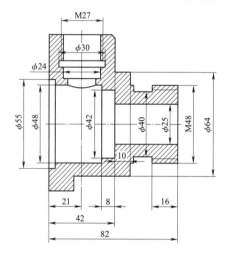
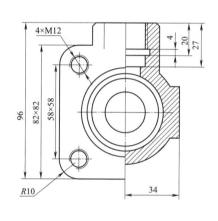
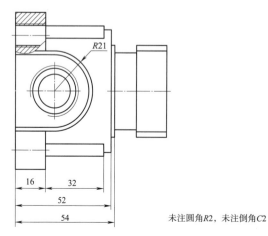
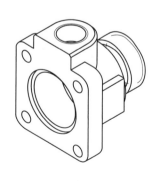

未注圆角 $R2$，未注倒角 $C2$

图 3-184 阀体实例模型

操作步骤如下：

①以"右视基准面"为基准，使用中心矩形绘制如图 3-185 所示草图，矩形中心与坐标原点重合。

②单击工具栏中的"特征"→"拉伸凸台/基体"按钮，"终止条件"选择"给定深度"，"深度"输入 16 mm，结果如图 3-186 所示。

③单击工具栏中的"特征"→"异型孔向导"按钮，"孔类型"选择"直螺纹孔"，"标准"选择 GB，"类型"选择"螺纹孔"，"大小"选择 M12，"终止条件"选择"完全贯穿"，"位置"选择拉伸实体右端面，添加 4 个孔，并绘制两条中心线，约束 4 个孔的中心关于中心线上下左右对称。位置草图如图 3-187 所示。创建异型孔特征如图 3-188 所示。

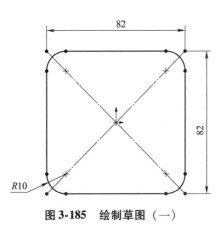

图 3-185　绘制草图（一）　　　　图 3-186　拉伸凸台（一）

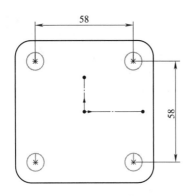

图 3-187　位置草图

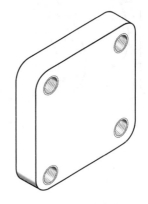

图 3-188　异型孔特征

④以"前视基准面"为基准绘制如图 3-189 所示草图，注意添加回转中心轴线。

⑤单击工具栏中的"特征"→"旋转凸台/基体"按钮，系统以中心线为旋转轴，其他参数保持默认，结果如图 3-190 所示。

⑥以"拉伸凸台 1"中的底面为参考，向 Y 轴的正方向偏距 96 mm 生成"基准面 1"，结果如图 3-191 所示。

⑦以新建基准面为基准绘制如图 3-192 所示草图。

⑧单击工具栏中的"特征"→"拉伸凸台/基体"按钮，"终止条件"选择"成形到下一面"，结果如图 3-193 所示。

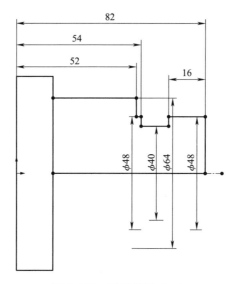

图 3-189　绘制草图（二）

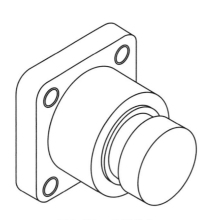

图 3-190　旋转凸台

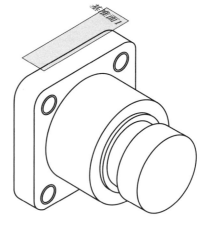

图 3-191　创建基准面（一）

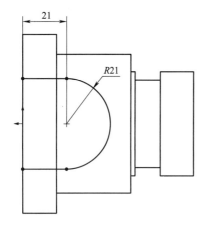

图 3-192　绘制草图（三）

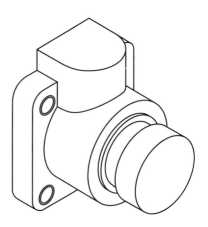

图 3-193　拉伸凸台（二）

⑨以"前视基准面"为基准绘制如图3-194所示草图,注意添加回转中心轴线。

⑩单击工具栏中的"特征"→"旋转切除"按钮,以中心线为旋转轴,其他参数保持默认,结果如图3-195所示。

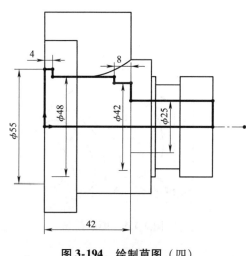

图3-194 绘制草图(四)

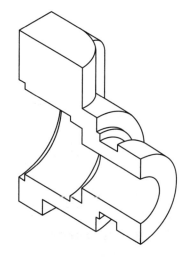

图3-195 旋转切除(一)

⑪以"前视基准面"为基准绘制如图3-196所示草图,草图下方直线只要能与旋转切除特征(一)相交即可,并非必须添加尺寸。注意添加回转中心轴线。

⑫单击工具栏中的"特征"→"旋转切除"按钮,以中心线为旋转轴,其他参数保持默认,结果如图3-197所示。

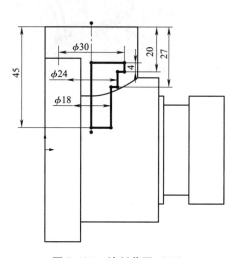

图3-196 绘制草图(五)

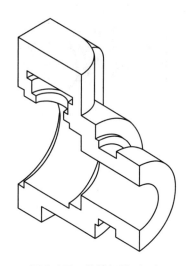

图3-197 旋转切除(二)

⑬单击工具栏中的"特征"→"异型孔向导"按钮,"孔类型"选择"直螺纹孔","标准"选择GB,"类型"选择"螺纹孔","大小"选择M27,"终止条件"选择"成型到下一面","位置"选择拉伸凸台2中凸台的上表面,并编辑草图,使其与半圆柱面同心(见图3-198),确定后结果如图3-199所示。

⑭选择菜单栏中的"插入"→"注解"→"装饰螺纹线"命令,"圆形边线"选择最右侧圆柱体边线,"标准"选择GB,"类型"选择"机械螺纹","大小"选择M48,"终止条件"选择"成形到下一面",结果如图3-200所示(此处为显示装饰螺纹线效果,选择"带边线上色"的显示方式)。

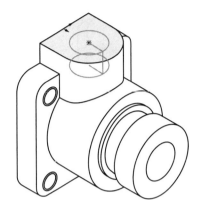

图 3-198 绘制草图(六)

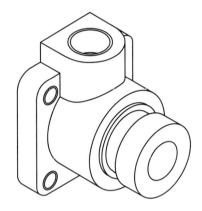

图 3-199 螺纹孔 M27

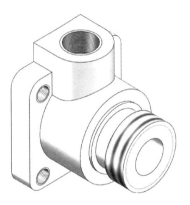

图 3-200 M48 装饰螺纹线

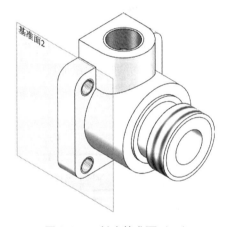

图 3-201 创建基准面(二)

⑮创建"基准面2",与"前视基准面"相距34,结果如图3-201所示。

⑯以"基准面2"为基准绘制如图3-202所示草图。

⑰单击工具栏中的"特征"→"拉伸凸台/基体"按钮,"终止条件"选择"成形到一面",选择"旋转凸台1"中的ϕ64圆柱面,结果如图3-203所示。以"前视基准面"为镜像面,对该特征进行镜像,生成后侧的对称特征。

⑱单击工具栏中的"特征"→"倒角"命令,"倒角参数"距离设置为2 mm,角度设置为"45度","要圆角化的项目"选择"拉伸凸台2"的3条边线和"旋转凸台1"右边线,如图3-204所示。

⑲单击工具栏中的"特征"→"圆角"按钮,"半径"输入2 mm,"要圆角化的项目"选择"拉伸凸台1"、"拉伸凸台(二)"、"旋转凸台(一)"、三者两两相交的交线及"拉伸凸台(一)"右侧面外轮廓线,"旋转凸台"中ϕ64右边线,ϕ40左边线,"拉伸凸台(三)"与"旋转凸台"各交线,如图3-205所示。

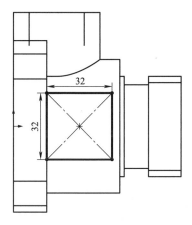

图 3-202　绘制草图（七）

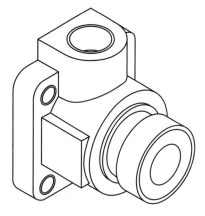

图 3-203　拉伸凸台（三）

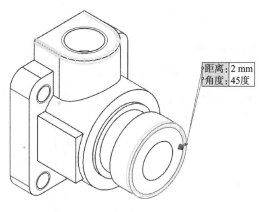

图 3-204　倒角

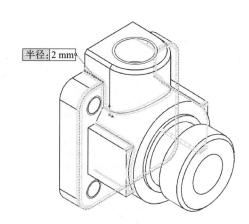

图 3-205　圆角

⑳选择菜单栏中的"文件"→"另存为"命令，以"阀体"命名文件，保存备用。

3.13　质量属性

"质量属性"是一个重要的功能模块，用户可以根据模型几何体与材料信息计算模型的质量、体积、表面积、重心、惯性矩等属性。对零件赋予了材料后即可查询其质量相关属性。质量相关属性结果准确的前提是模型正确、材料参数匹配。

打开素材模型文件 3.12.2. SLDPRT，右击设计树中"材质＜未指定＞"［见图 3-206（a）］，在弹出的快捷菜单中选择"编辑材料"命令，打开如图 3-206（b）所示的"材料"对话框，选择"Solidworks materials \ 钢 \ 铸造碳钢"，单击"应用"按钮，再单击"关闭"按钮退出"材料"对话框，此时可以在设计树上看到刚赋予的材料，由于该材料定义了"外观"属性，所以零件的颜色也发生了相应改变。

注意：系统所提供的材料是基于通用数据定义的属性数值，实际使用时需要核对其是否与所用材料的属性数值相符，若不相符，可根据需要添加自定义材料。

SOLIDWORKS 三维建模及工程图实例教程

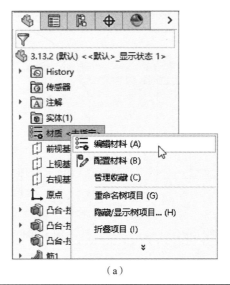

(a)

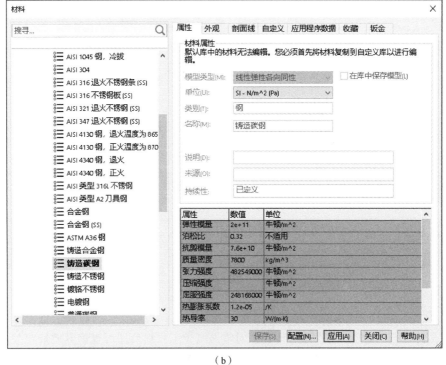

(b)

图 3-206 编辑材料

单击工具栏中的"评估"→"质量属性"按钮，打开如图 3-207 所示对话框。质量属性可以在零件中使用，也可以在装配体中使用，用户可选择查询的质量属性中是否需要包含隐藏的对象。如果需要包括隐藏对象，可以选中"包括隐藏的实体/零部件"复选框。

①选项：用于更改测量数值的单位、精度等。

②覆盖质量属性：可以用输入值覆盖测量值，并用这些输入值参与到后续的运算中。单击该选项后打开如图 3-208 所示对话框，根据需要选择需要覆盖的属性并输入所需要的值。

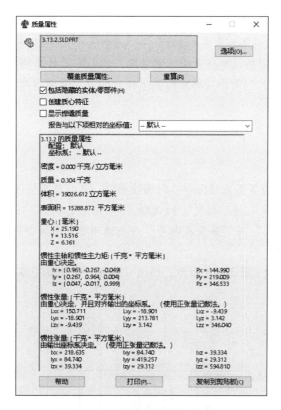

图 3-207 "质量属性"对话框

注意：如果是设计过程中的临时性覆盖相关属性值，在设计完成后一定要记住将其恢复成默认值，以免造成后续计算值不准确。

图 3-208 覆盖质量属性

注意：如果是多实体零件或装配体，只想查看其中某一个对象而非整个零部件的质量属性时，可以在设计树中选中该对象再单击"评估"→"质量属性"按钮即可仅查看该对象的质量属性。

系统默认的结果均是以默认坐标系为参考基准，如果需要参考其他坐标系，在"报告与以下项相对的坐标值"的下拉列表中选择所需的坐标系即可，该列表列出了当前模型中的所有坐标系供选择。

练习题

一、简答题

1. 旋转特征的草图为封闭和非封闭轮廓时，其特征有何区别？
2. 简述"扫描"与"放样"的区别。
3. "简单直孔"与"异型孔向导"分别适用于什么场合？

二、操作题

1. 按图 3-209～图 3-218 所示，创建"球阀"装配体中各个非标准件的模型，可在后续章节使用。

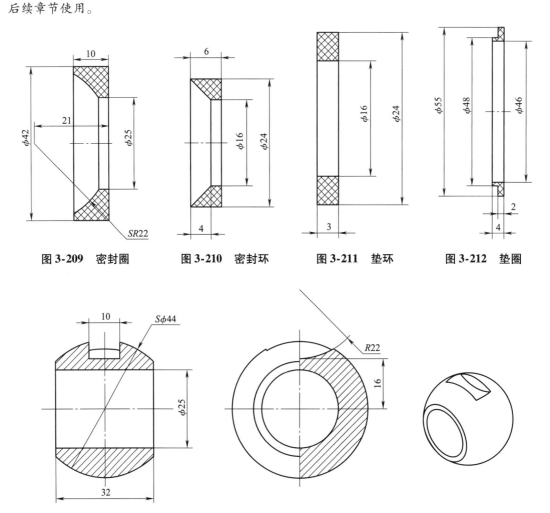

图 3-209　密封圈　　图 3-210　密封环　　图 3-211　垫环　　图 3-212　垫圈

图 3-213　球芯

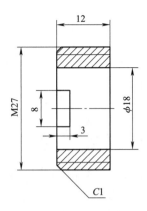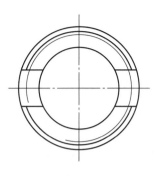

图 3-214　螺纹压环

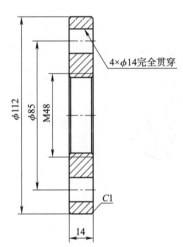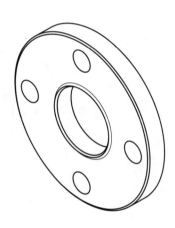

图 3-215　法兰

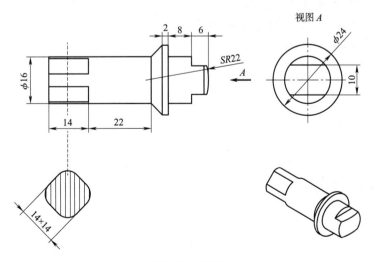

图 3-216　阀杆

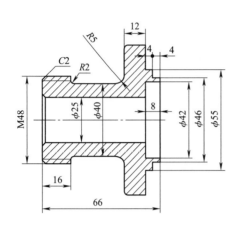
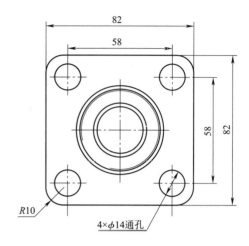

图 3-217　阀体接头

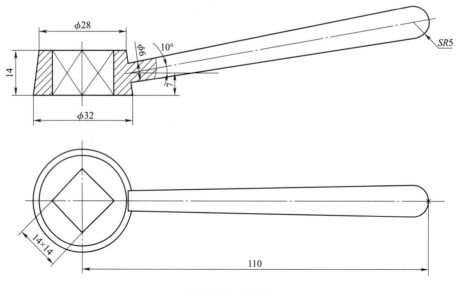

图 3-218　手柄

2. 按图 3-219 所示,创建"低速滑轮装置"中"衬套"的模型,可在后续章节使用。

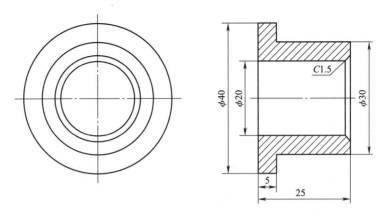

图 3-219　衬套　合金钢

3. 创建如图 3-220 所示的轴。

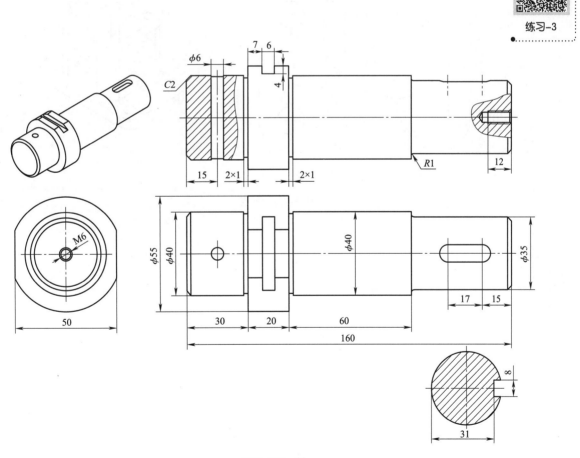

图 3-220　轴

4. 创建如图 3-221 所示的箱体。

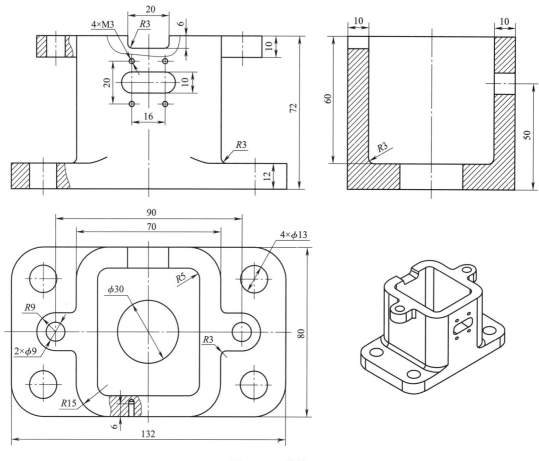

图 3-221 箱体

练习-4

第4章 装配体建模

创建装配体模型不仅可以模拟实际装配过程、检查零部件之间的干涉或间隙、验证设计方案的可行性,同时还是创建装配图的基础。

学习目标

- 熟悉在装配体中插入零部件的操作。
- 掌握在零部件之间添加配合关系的方法。
- 掌握创建装配体爆炸视图的方法。
- 掌握标准件的调用方法。

4.1 创建装配体

创建装配体的一般步骤如下:
①新建装配体文件。
②放置装配体的第一个零部件。该零部件为固定状态,不可移动,通常新建装配体时在"打开"对话框中所选的第一个零部件即为装配基准零件。
③插入其他零部件。这些零部件为浮动状态,可以随意移动和转动。
④插入标准件。选择符合要求的标准件、通用件插入装配体。
⑤添加配合关系。

4.1.1 新建装配体文件

单击通用工具栏中的"新建"按钮,在图4-1所示对话框中选择 ,单击

视频●
创建装配体

"确定"按钮,即可进入装配体环境。

系统打开图4-2(a)所示的"开始装配体"属性框,同时打开图4-2(b)所示的"打开"对话框,用于选择需要装入的零件。

注意:"开始装配体"属性框中"打开文档"栏中会显示当前已打开的零部件,如果所需装入的零部件是已打开的文档,可在该列表中直接选择。

在此选择配套素材中的"4\低速滑轮装置"目录下的"托架.SLDPRT"零件(也可使用第3章中自己保存的文件),单击"打开"按钮,此时零件"吸附"在光标上,随光标移动而移动,单击"开始装配体"属性管理器中的"确定"按钮,结果如图4-3所示。

注意:进入装配环境后所选择的第一个零部件通常作为装配基准,当直接单击"确定"按钮时,其参考坐标将与装配体的坐标系重合,且该零件默认为固定状态,不可移动,在设计树

中以"f"表示（某些版本使用中文字"固定"表示）。

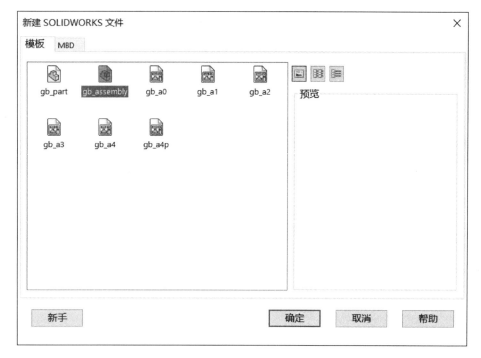

图 4-1　新建装配体

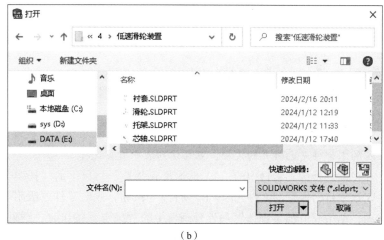

（a）　　　　　　　　　　　　　　　（b）

图 4-2　"打开"对话框

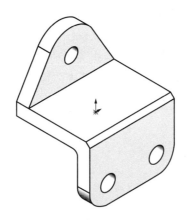

图 4-3 装入第一个零件

单击通用工具栏中的"保存"按钮,保存在当前零件所在目录,文件名以"低速滑轮装置"命名。

4.1.2 插入零部件

1. 插入零部件

单击工具栏中的"装配体"→"插入零部件"按钮,在"打开"对话框中找到"衬套 . sldprt"零件,单击"打开"按钮,移动鼠标至合适位置单击进行放置,如图 4-4 所示。

技巧:在"打开"对话框中选择零部件时,按住 <Shift> 或 <Ctrl> 键,可以一次选择多个零部件,以提高插入效率。

"衬套"被放置后,在设计树中显示为"(-)",即"浮动"状态,表明该零件处于欠定义状态,具有移动或旋转自由度。

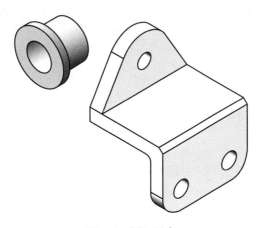

图 4-4 插入衬套

由于零件的默认颜色相同,随着插入零件的增多,在进行分辨、选择时将变得比较困难,此时可对零件进行颜色赋予,以便于识别,而颜色赋予也是设计过程中对产品外观渲染最基础的一步。选择需要进行颜色赋予的"衬套"零件任意一面,弹出如图 4-5(a)所示关联工具栏,单击"外观"下拉按钮,,在下拉列表中列出了外观层次列表,单击零件层次的外观

图标 ，系统打开如图 4-5（b）所示的"颜色"属性框。

注意：SOLIDWORKS 中外观层次主要分为装配、面、特征、实体、零件，默认只有零件层具有外观属性，其他为空。如果需要添加可单击其后的空白位置，同样打开"颜色"属性框，此时所赋予的颜色仅为该层次的所属对象；如果单击"面"后侧的空白处，则只有该面更改颜色，零件其他部分保持不变，其他层次类推。

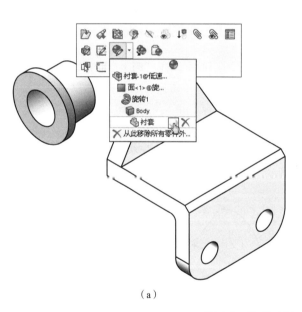

（a） （b）

图 4-5 外观赋予

单击外观样式下拉列表，选择"标准" ，并选择所需赋予的颜色，单击"确定"按钮退出属性框，"衬套"零件被整体赋予了新的颜色，如图 4-6 所示。

注意：合理的颜色分配既方便识别、选择，对提升产品的被认可度也有一定帮助，可自行学习相关的配色知识。

除了使用工具栏中的"插入装配体"装入零部件外，还可以使用以下方式插入零部件：

①从"资源管理器"插入：打开 Windows 资源管理器，找到所需装配的零部件，按住鼠标左键拖动该零部件至 SOLIDWORKS 装配环境。通过这种方法插入零部件还可以同时选择多个零部件插入装配体中，当需要插入的零部件在同一目录下时，该方法可以有效地提高插入效率。

②直接拖放插入：当所需插入的零部件处于打开状态时，可将该零部件与装配体同时在窗口中显示，按住鼠标左键拖动待插入零部件到装配体即可。

③从"文件探索器"中插入："文件探索器" 📂 在SOLIDWORKS 右侧的任务栏中，类似于资源管理器中的文件夹目录，其内容更加丰富，列出的内容包括最近文档、当前打开的文档、桌面、此电脑等内容，在其中找到所需装配的零部件后按住鼠标左键拖动该对象至装配环境即可。使用此方法将"滑轮"和"芯轴"两零件插入当前装配体，并更改外观颜色，结果如图 4-7 所示。

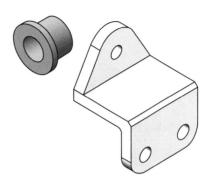

图 4-6　赋予颜色

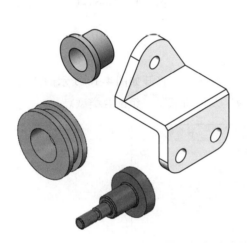

图 4-7　使用文件探索器插入零部件

注意：插入新的零件后，可适时地进行颜色赋予，也可以在创建零件时进行颜色规划。

2. 移动和旋转零部件

装配体中对零部件的移动与旋转分为两种类型：一是视角上的平移与旋转，其操作方法与在零件中操作方法相同；二是相对于装配体的坐标系产生了实际的移动与转动，前提是该零部件处于"浮动"状态，使用鼠标左键单击零部件并移动鼠标时可对其进行平移；右击零部件表面，在弹出的快捷菜单中选择"以三重轴移动"命令，零部件上出现如图 4-8 所示坐标轴和圆环，鼠标左键拖动箭头，可使零部件沿坐标轴平移，鼠标左键拖动圆环，可使零部件随着圆环旋转，使用三重轴移动方法，可以在零部件被遮挡时迅速将其调整至方便选择的位置。

注意：使用鼠标右键在零部件上单击并移动鼠标，可实现对零部件进行旋转操作。

3. 删除零部件

当插入的零部件不再需要时可将其删除，删除的主要方法如下：

①用 < Delete > 键删除：在设计树或模型窗口选中零部件后按 < Delete > 键直接删除。

②用鼠标右键删除：在设计树或模型窗口选中零部件后右击，在弹出的快捷菜单中选择"删除"命令。系统打开如图 4-9 所示的"确认删除"对话框，单击"是"按钮确认删除，此时，与该零部件相关的项目将均被删除。

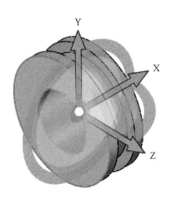
图 4-8　利用三重轴移动旋转

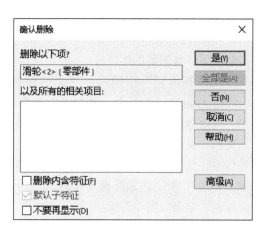
图 4-9　"确认删除"对话框

4.1.3　配合的类型

单击工具栏中的"装配体"→"配合"按钮 ，打开如图 4-10 所示的"配合"属性管理器，SOLIDWORKS 提供有"标准"、"高级"及"机械"三组配合类型。

图 4-10　"配合"属性管理器

各类型所包含的配合关系如图 4-11 所示。其中"标准"配合比较常用,限于篇幅,这里不一一介绍,使用时可根据配合参考元素的特性与所需的关系要求选择合适的配合关系。

(a)标准

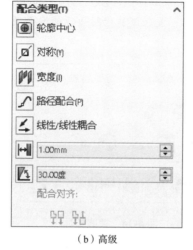
(b)高级

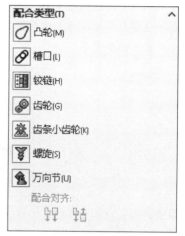
(c)机械

图 4-11　配合类型

4.1.4　添加配合的方式

1. 使用"配合"命令添加

选择"配合"命令后,在属性栏中选择所需的配合关系,然后在模型区域依次选择需要添加配合关系的参考对象即可完成配合关系的添加。操作步骤如下:

①单击工具栏中的"装配体"→"配合"按钮,在打开的配合属性栏中选择"同轴心"配合。

②单击"衬套"外圆柱面和"滑轮"内孔面,单击"确定"按钮,添加两圆柱面的"同轴心"关系,如图 4-12 所示。

③在配合属性栏中选择"重合"配合,依次单击"衬套"台阶面和"滑轮"端面,单击"确定"按钮,添加两平面的"重合"关系,如图 4-13 所示。

视 频
配合关系

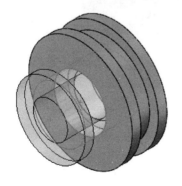
图 4-12　添加同轴心配合

图 4-13　添加重合配合

④单击属性栏中的"确定"按钮,退出"配合"命令。

2. 使用关联工具栏添加

按住<Ctrl>键，在模型区域依次选择需要添加配合关系的参考对象，选择完成后松开<Ctrl>键，出现如图4-14所示的关联工具栏，在工具栏中选择所需要的配合关系即可。

注意：所选择的参考对象不同，关联工具栏所出现的配合关系也不同，系统只列出符合参考对象的配合关系。

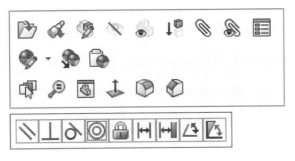

图4-14 关联工具栏

操作步骤如下：

①按住<Ctrl>键，在模型区域依次选择"芯轴"中段的圆柱面和"衬套"的内孔面，选择完成后松开<Ctrl>键，在关系工具栏中选择◎，如图4-15所示。

②按住左键拖动"芯轴"至方便选择的位置，按住<Ctrl>键，在模型区域依次选择"芯轴"台阶面和"衬套"的小端面，选择完成后松开<Ctrl>键，在工具栏中选择人，如图4-16所示。

图4-15 添加同轴心配合　　　　　　图4-16 添加重合配合

3. 使用"快速配合"

按住键盘的<Alt>键，在模型区域中选择需要添加配合关系的一个参考对象，将其拖动至另一个将要与之匹配的参考对象上，待光标右侧出现匹配的配合工具栏后松开鼠标，在工具栏中选择所需要的配合关系即可，如图4-17所示。

注意：如配合工具栏中的默认配合关系符合要求，直接单击"确定"按钮✓即可。

图4-17 快速配合

操作步骤如下：

①按住<Alt>键，在模型区域选择"芯轴"中段圆柱面，拖动至"托架"上部内孔面处，光标右侧出现匹配图标时松开，再单击工具栏中的"确定"按钮，完成同轴心配合关系的添加，如图4-18所示。

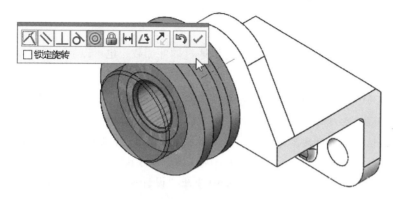

图4-18 添加同轴心配合

②按住<Alt>键，在绘图区域选择衬套大端面，拖动至托架左端面处，光标右侧出现匹配图标时松开，再单击工具栏中的"确定"按钮，完成重合配合关系的添加，如图4-19所示。

注意：由于视角问题而选择不便时，可以在按住<Alt>键拖动的同时，按住鼠标中键旋转视角，以方便选择参考对象。

完成配合添加后的"低速滑轮装置"如图4-20所示，保存文件。

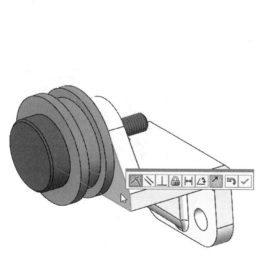 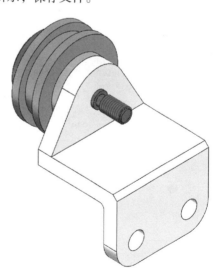

图4-19 添加重合配合　　　　　　图4-20 配合添加结果

注意：添加配合过程中如果配合关系没有实时生效，可以单击标准工具栏中的"重建模型"按钮进行更新。

4.1.5 调用标准件

装配体中的标准件，如螺栓、螺母、垫圈、轴承、键等，均可从系统标准件库中或第三方标准件库中进行调用，不必自己建模，充分利用好已有的标准件库能有效地提高产品建模效率、减少无效的建模时间。正确调用标准件一般有下几个步骤：

1. 加载标准件库

使用标准件库前需要进行加载，用户可以通过插件加载，也可以通过任务窗格加载。

①插件加载：单击标准工具栏中的"选项" ⚙→"插件"，打开如图 4-21 所示"插件"对话框，选中 SOLIDWORKS Toolbox Library 复选框，单击"确定"按钮，完成标准件库加载。

注意：插件选项也可选择菜单栏中的"工具"→"插件"命令打开，插件名称前后均有复选框，前一个复选框选中时为当前启用，关闭 SOLIDWORKS 再次启动后为关闭状态；后一个复选框选中时为默认启动状态，每次启动 SOLIDWORKS 时均自动启动。

②任务窗格中加载：在右侧的任务空格中选择"设计库"，在列表中选中 Toolbox，单击下方的"现在插入"即可加载，如图 4-22 所示。

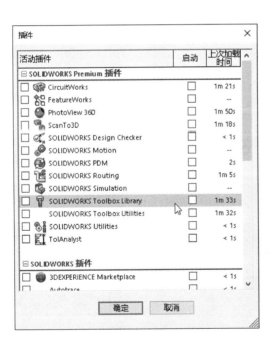

图 4-21 插件加载

图 4-22 任务窗格加载

加载完成后可在任务窗格中看到标准件库内容，可根据需要选择所需的标准件，如图 4-23 所示。

2. 调入标准件

当需要调用标准件时，在标准件库中找到目标标准件，将其拖动至模型窗口并释放，在出现的对话框中选择合适的规格参数，然后单击"确定"按钮即可。

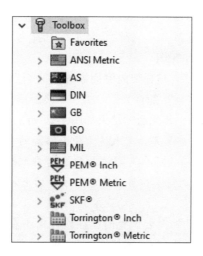

图 4-23 标准件库

打开前面所保存的"低速滑轮装置.sldasm"文件,在任务窗格的标准件库中依次选择"GB"→"垫圈和挡圈"→"平垫圈",如图 4-24(a)所示,在下方列表中选择"平垫圈 C 级",拖动至绘图窗口中释放,并在属性框中将其"大小"参数选择为"10",单击"确定"按钮 ✓。默认状态下,系统继续执行该命令,按 <Esc> 键,结束垫圈调用。

注意:由于 SOLIDWORKS 中标准件的标准更新比较滞后,因此部分标准件的国标代号并非最新标准,若读者所用的标准件库中标准件的标准与图 6-1 低速滑轮装置装配图中所指定螺栓、螺母的标准不符,可选用其他年号的来替代。

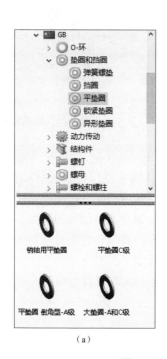

(a)　　　　　　　　　　(b)

图 4-24 选择标准件

使用相同方法调用标准件"GB"→"螺母"→"六角螺母"→"1 型六角螺母",并在对话框中将其"大小"参数选择为 M10,"螺纹线显示"选择为"装饰",单击"确定"按钮完成调用,按 <Esc> 键,结束调用螺母。

将垫圈与芯轴添加"同轴心"、与托架内侧面添加"重合"配合关系,将螺母与芯轴添加"同轴心"、与垫圈端面添加"重合"配合关系。为便于装配图的表达,将螺母的一个棱面与托架的顶面添加"平行"配合关系,装配后的结果如图 4-25 所示。

注意:螺母棱面的"平行"配合是为了表达方便而添加的辅助配合,并非必须配合。如果仅是想将参考面平行而不添加配合关系,可以添加配合时在配合属性栏中选中"只用于定位"选项,选中该选项时配合关系只改变其位置而不添加配合约束。

3. 编辑标准件

当标准件规格参数选择需要调整时,在设计树中右击需要调整的标准件,在弹出的快捷菜单中选择"编辑 Toolbox 零部件"命令(见图 4-26),系统重新弹出标准件参数更改属性栏,在其中选择更改所需的参数,单击"确定"按钮完成编辑。

编辑标准件

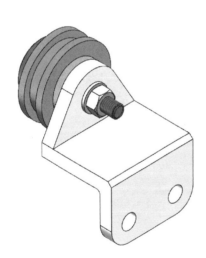

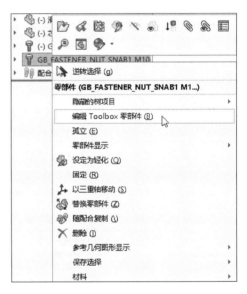

图 4-25 装配标准件　　　　图 4-26 编辑标准件

4. 另存标准件

SOLIDWORKS 中标准件具有特别的属性,其默认的文件位置在目录 C:\SOLIDWORKS Data 下,在设计树中显示为图标。由于软件环境差异、版本不同,在不同的计算机中打开同一装配体时,可能会造成标准件数据丢失或参数混乱。为避免此种情况的发生,同时也为了保证装配工程图中明细表的准确,可以对调用的标准件另存,将其设置为普通零件,从而解除其专有属性,以保证沟通交流的通畅、准确。具体操作步骤如下:

①右击设计树中需要另存的标准件垫圈,在弹出的关联工具栏中单击"打开"按钮,系统打开如图 4-27 所示警告对话框,提示该文件是"只读"状态(这是系统为保护标准件库中文件不被意外修改的设置),单击"确定"按钮。

②系统打开垫圈零件,选择菜单栏中的"文件"→"另存为"命令,保存目录选择装配体同一目录,文件名输入"垫圈 10. SLDPRT",单击"保存"按钮,关闭打开的文件回到装配体

环境中，如图 4-28 所示。

图 4-27　打开警告对话框

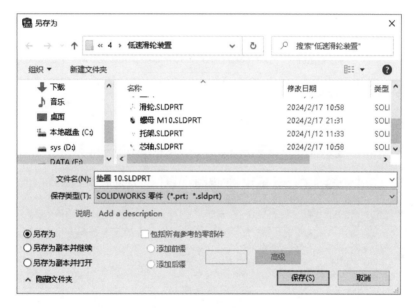

图 4-28　另存文件

③使用同样的操作方法将螺母存为"螺母 M10. SPDPRT"。

④关闭装配体文件"低速滑轮装置. SLDASM"，打开如图 4-29 所示对话框时选择"全部保存"。

图 4-29　全部保存

⑤右击桌面上的 SOLIDWORKS 软件图标，在弹出的快捷菜单中选择"属性"命令，打开如图 4-30 所示对话框，从"起始位置"项找到软件的安装位置。

图 4-30　查找安装位置

⑥按上一步查到的安装位置打开目录 X：\ Program Files\ SOLIDWORKS Corp\ SOLIDWORKS \ Toolbox \data utilities，找到程序 sldsetdocprop. exe，双击打开该程序（见图 4-31），单击"添加文件"按钮，选择另存的两个标准件文件，将属性状态设置为"否"，单击"更新状态"按钮，更新完成后单击"关闭"按钮退出属性更改程序。

注意：
- 更改状态时文件必须处于关闭状态。
- 要检查是否更新成功，可在对话框中单击"显示所选属性"按钮，当提示为"文件（******）属性（IsToclboxPar）=（NO）"时表示更新成功。

⑦再次打开装配体文件"低速滑轮装置 . SLDASM"，此时装配体设计树中两个标准件的图标显示为普通零件图标（见图 4-32），表示其与标准件库已解除关系，可按普通零件性质对其进行编辑修改。

第4章 装配体建模

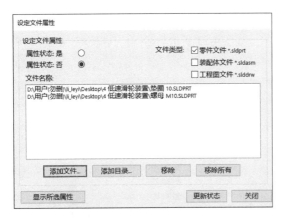

图4-31 更改标准件属性

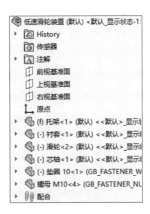

图4-32 设计树显示

4.1.6 打包装配体文件

装配体通常是由若干个零部件组装成的，其装配体文件依赖于所插入的零部件文件。如果零部件目录变更、文件丢失、文件名变更等，则装配体打开时将会由于插入的零部件无法查找而报错。为了确保装配体能正常打开，必须保证构成装配体的零部件文件与装配体文件同时存在，特别是在不同的计算机中打开装配体时，这一点尤其重要。为了保证关联文件的完整性，SOLIDWORKS提供了打包功能，用于汇集所有关联文件。快速将装配体相关文件进行打包的操作有两种：

①在打开装配体时，选择菜单栏中的"文件"→"Pack and Go"命令，打开如图4-33所示的打包对话框，用户可根据需要，选中"包括工程图""包括模拟结果""包括Toolbox零部件"等复选框。"保存到文件夹"单选按钮可把选中的关联文件保存到一个选定的目录中，"保存到Zip文件"可将关联的文件打包成一个压缩文件。根据需要还可给打包文件添加前后缀以规范文件命名。

图4-33 打包文件

113

②在 Windows 的资源管理器中右击需要打包的装配体文件,弹出如图 4-34 所示的快捷菜单,选择 SOLIDWORKS→Pack and Go 命令,打开如图 4-33 所示对话框,其操作方法与第一种相同。

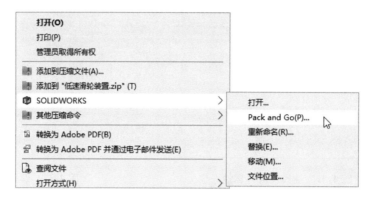

图 4-34　打包快捷菜单

4.2　装配体管理

为了操作便捷,SOLIDWORKS 提供了多个管理功能,合理使用这些功能可有效提升装配效率。

4.2.1　零部件的复制

在装配体中可能会多次用到同一零部件或子装配体,用户可以对其进行复制来快速完成装配。主要方法如下:

1. 快速复制

按住 <Ctrl> 键,在模型区域或设计树中需要复制的零件上单击并拖动鼠标,鼠标移至合适的位置后松开即完成复制。

按住 <Ctrl> 键在"螺母 M10"上单击并拖动鼠标,将其拖动至合适位置后松开鼠标,即可实现"螺母 M10"的复制,如图 4-35(a)所示。此时,可以看到在设计树中已添加一个相同的零件节点。将复制的螺母与已有的零部件添加合适的配合关系,结果如图 4-35(b)所示。

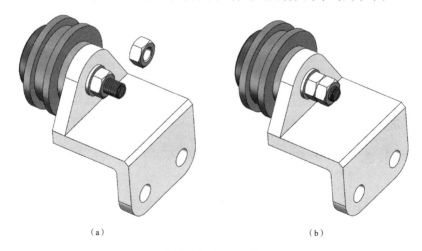

(a)　　　　　　　　　　　　　　(b)

图 4-35　复制零件

2. 阵列和镜像

阵列和镜像也可以实现对零部件的复制，操作方法与对特征进行阵列和镜像相似，SOLIDWORKS 提供了多种方法，使用时根据一定规律选择对应的功能进行复制，常用的阵列和镜像命令描述见表 4-1。

表 4-1 阵列与镜像命令

序号	符号	名 称	描 述	示 例	示例说明
1		线性零部件阵列	在装配体中的一个或两个方向生成零部件线性阵列		销钉沿基体零件的两个方向阵列
2		圆周零部件阵列	生成零部件的圆周阵列		销钉绕轴圆周阵列
3		阵列驱动零部件阵列	根据一个现有的零件阵列特征生成零部件阵列		销钉按基体已有的孔阵列为参考阵列，此时阵列是看不到参数的，因其完全依赖于所参考的零件阵列
4		草图驱动的零部件阵列	通过含点的 2D、3D 草图阵列零部件		销钉以草图为参考阵列，草图可以是零件草图也可以是装配体草图
5		曲线驱动零部件阵列	利用连续相切线的 2D、3D 草图阵列零部件		销钉以草图曲线为参考阵列，草图曲线起点不是零件参考点时，系统按该曲线平移至参考点作为参考
6		链零部件阵列	沿着开环或闭环路径阵列零部件		销钉参考草图环阵列，特别需要注意位置参考面的选择
7		镜像零部件	通过平面或基准面对零部件复制，复制后的对象可以是源对象的复制版本或相反方位版本		销钉通过前视基准面镜像

4.2.2 零部件状态更改

为了方便装配和在装配体中编辑零部件，可以对零部件状态进行更改，以便隐藏、压缩或更改透明度。

1. 隐藏/显示

在 FeatureManager 设计树或模型区域选中零件"滑轮"，如图 4-36（a）所示，在关联工具栏中单击"隐藏零部件"按钮 ，结果如图 4-36（b）所示。在 FeatureManager 设计树中该零部件的图标将呈现线框状态 。

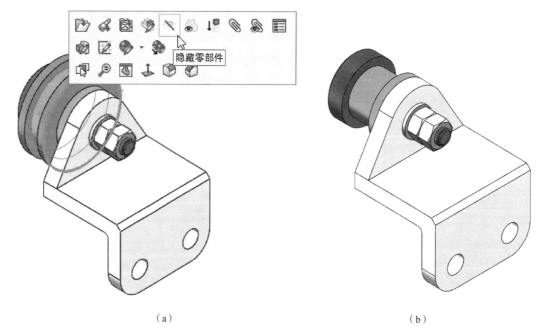

（a） （b）

图 4-36 隐藏零部件

在 FeatureManager 设计树单击零件"滑轮"，在关联工具栏中单击"显示零部件"按钮 即可重新显示该零件。

注意：SOLIDWORKS 提供了快速进行隐藏/显示的快捷键，将光标移至零部件上方，按 <Tab> 键可快速对光标指向的零件进行隐藏；按 <Shift + Tab> 组合键可对光标所指向的隐藏零件进行显示；按 <Ctrl + Shift + Tab> 组合键时，所有隐藏的零部件暂时显示为透明状态，此时单击某个隐藏零部件可将其状态更改为显示，对于隐藏零部件较多时非常有效。

2. 更改透明度

当需要查阅的零部件被遮挡，但隐藏又不方便观察整体结构时，可以将前侧零部件更改透明度以便查阅。

在设计树或模型区域选中零件"滑轮"，如图 4-37（a）所示，在关联工具栏中单击"更改透明度"按钮 ，结果如图 4-37（b）所示。

在模型区域或设计树中单击零件"滑轮"，在关联工具栏中再次单击"更改透明度"按钮 即可返回原显示状态。

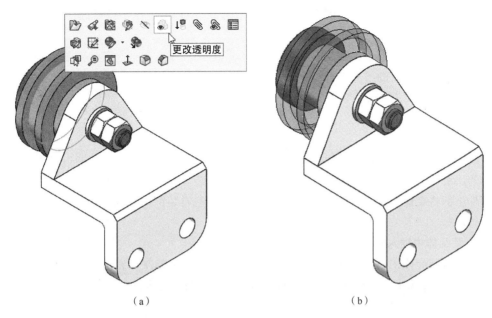

图 4-37 更改透明度

3. 压缩

为了减少操作时装配体装入和计算的数据量，更有效地使用系统资源，可以根据某段时间内的工作范围，指定合适的零部件为压缩状态，装配体的显示和重建速度会更加快速。

在设计树或模型区域选中零件"滑轮"，如图 4-38（a）所示，在关联工具栏中单击"压缩"按钮，结果如图 4-38（b）所示。在 FeatureManager 设计树中该零部件的图标将呈现灰色状态。

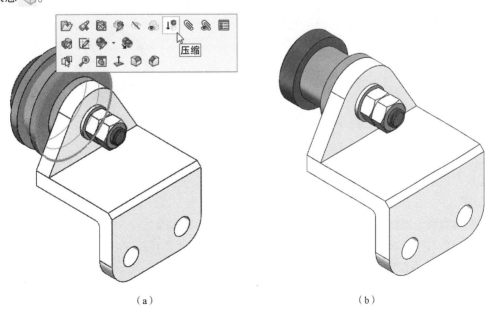

图 4-38 压缩零部件

在 FeatureManager 设计树单击零件"滑轮",在关联工具栏中单击"解除压缩"按钮即可解除压缩重新显示该零件。

隐藏与压缩的区别在于,隐藏的零部件仍然保留在内存中,保持与其他零部件的配合关系并参与计算,而压缩后的零部件自身及与其他零部件的配合关系将不再参与计算。在处理大型装配体时灵活使用压缩功能将能有效地提升显示效率。

4.2.3 子装配体

当装配体包含的零部件较多时,为方便管理,避免 FeatureManager 设计树过于庞大,可按装配体的层级,将零部件先装配成子装配体,再插入到装配体中,此时的子装配体无论包含多少零部件,都将会被当作一个整体来处理。用户也可在已有装配体中创建新的装配体,对零部件进行管理。

1. 在装配体中插入子装配体

打开素材装配体文件"低速滑轮装置.SLDASM",删除标准件"螺母 M10(2个)""垫圈10"共 3 个零件,如图 4-39(a)所示,将删除标准件后的装配体另存为"低速滑轮装置-标准件独立.SLDASM"。

新创建名为"标准件装配"的装配体,插入包含"螺母 M10(2个)""垫圈 10"共 3 个零件,如图 4-39(b)所示,添加合适的配合关系后保存。

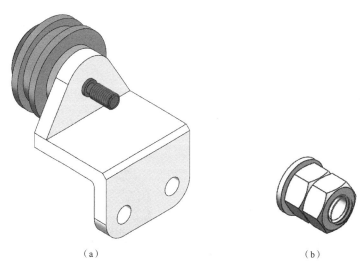

(a)　　　　　　　　　　　　　　(b)

图 4-39　分拆装配体

将保存后的文件"标准件装配.SLDASM"插入装配体"低速滑轮装置-标准件独立.SLDASM"中,添加合适的配合关系,结果如图 4-40 所示,其在 FeatureManager 设计树中的图标为。将当前装配体另存为"低速滑轮装置-子装配.SLDASM"。

注意: 本书中所描述的"零部件"包括零件与部件(子装配),"零件"则仅包括零件。

2. 在装配体中创建子装配体

装配过程中为了管理方便,可以在当前装配体中将已装配的部分零件重新组合创建子装配体,省去另建子装配体的过程,作为子装配体的零件所包含的大部分配合关系也对应地转移至子装配体中或作为子装配体与上一级装配的配合关系保留。

第4章 装配体建模

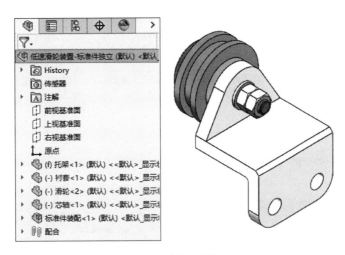

图 4-40 插入子装配

打开第一种方法所保存的装配体文件"低速滑轮装置-子装配.SLDASM",右击 FeatureManager 设计树的根节点,在弹出的快捷菜单中选择"插入新的子装配体"命令,如图 4-41(a)所示。在设计树中出现"[装配体 x 低速滑轮装置-子装配]"(x 为数字,取决于 SOLIDWORKS 启动后创建的第几个装配体,重启 SOLIDWORKS 会重置计数),单击零件"衬套"并将其拖动至"[装配体 x 低速滑轮装置-子装配]"上面释放,采用相同的操作步骤将零件"芯轴"和"滑轮"也拖放至"[装配体 x 低速滑轮装置-子装配]"中,设计树如图 4-41(b)所示。

注意:插入新的子装配体也可单击工具栏中的"装配体"→"插入零部件"→"新装配体"按钮 进行插入。

(a)

(b)

图 4-41 创建子装配体

119

在装配体中创建子装配后保存文件时，新建的子装配体默认保存在当前装配体中，不生成新文件。如果需要生成独立的文件，可在新装配体上右击[见图4-42（a）]，在弹出的快捷菜单中选择"保存装配体（在外部文件中）"命令，打开如图4-42（b）所示提示，单击"仅保存子装配体到外部文件"，打开如图4-42（c）所示"另存为"对话框，选择合适的路径，单击"确定"按钮完成外部保存。

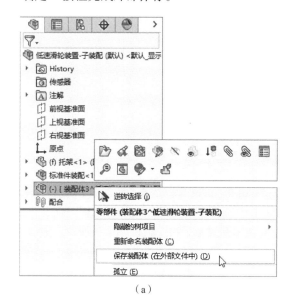

（a）

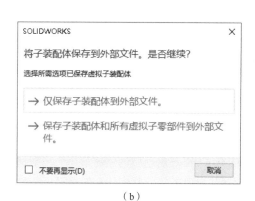

（b）

（c）

图4-42 另存子装配体

为规范命名，便于识别，可在设计树中右击"[装配体x 低速滑轮装置-子装配]"，在弹出的快捷菜单中选择"重命名树项目"命令，以"非标准件"对其进行重命名，重命名后，再保存至外部文件，打开如图4-42（c）所示对话框时，该子装配体的默认文件名称将为重命名后的名称。

4.2.4 配合关系的管理

设计树中配合关系是以"配合名称+序号"的方式进行命名的，当设计树中配合关系较多时，查找起来很不方便，可通过以下方式进行管理。

第4章 装配体建模

1. 重命名配合

右击"配合"(见图4-43),在弹出的快捷菜单中选择"重命名树项目"命令对其进行重命名,或左键两次单击(非双击)配合,直接重命名,将名称更改为便于识别的名称。

2. 用文件夹管理配合

按住<Ctrl>键,同时选中多个"托架"与"标准件装配"关联的配合,右击,在弹出的快捷菜单中选择"添加到新文件夹"命令,如图4-44(a)所示。重命名文件夹为"与标准件的配合",如图4-44(b)所示。

注意:SOLIDWORKS的快捷菜单默认显示比较常用的命令,如果某个命令没有出现在快捷菜单列表中,可单击最下方的下拉按钮 ⌄ 查看当前快捷菜单的所有命令列表;如果所有命令列表均没有所需的命令,则系统没有将其列入快捷菜单中。

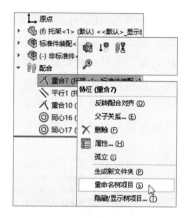

图4-43 重命名配合

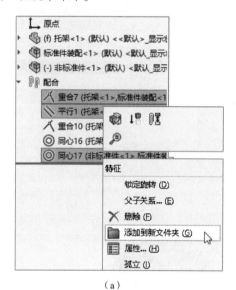

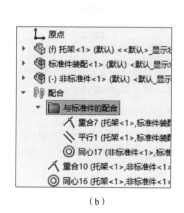

(a)   (b)

图4-44 创建配合关系文件夹

用户也可以在任一"配合"上右击,在弹出的快捷菜单中选择"生成新文件夹"命令(见图4-45),先创建空文件夹并重命名,再将相应的配合关系拖动至该文件夹内。

4.2.5 零部件的替换

产品设计过程中,其设计会因为各种原因产生新的方案,为了将新旧方案做对比选择,不会直接在旧方案的模型上修改,而是产生新的零件,此时装配体中的零部件就需要使用新版设计替换旧版设计,以便验证新方案的可行性。此时可不删除原有版本的零部件重新装配,而使用替换即可。

打开素材装配体文件"低速滑轮装置-子装配-完成

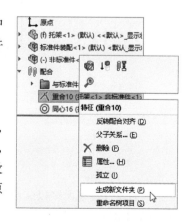

图4-45 创建空文件夹

.SLDASM",在设计树中右击"芯轴",在弹出的快捷菜单中选择"替换零部件"命令[见图 4-46（a）],打开如图 4-46（b）所示的"替换"属性框,单击"浏览"按钮,选择"芯轴-新方案"文件,并单击"确定"按钮 ✓,结果如图 4-46（c）所示。零件已被新方案零件所替换,其相关的配合关系的参考对象被"芯轴-新方案"相应的对象所取代。

注意：当新方案零件与原方案零件差异较大时,系统无法找到对应的配合参考对象,需要重新指定参考对象或删除原有配合关系重新添加。

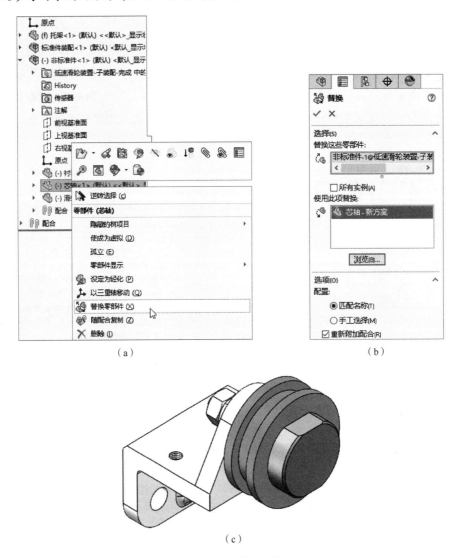

图 4-46 替换零部件

4.3 装配体评估

产品设计最终大多以装配体形式表现,所以设计是否满足要求需要对装配体进行评估,SOLIDWORKS 提供了多个评估工具,包括质量、干涉、间隙、应力分析、运动仿真等。本书介绍几个初期常用的工具，其余功能可参考其他相关参考书。

4.3.1 装配体质量

装配体质量通常取决于装配期间的各零件质量，所以要装配体的质量准确有效，就要保证各零件质量的准确性，其操作方法与零件的质量评估方法相同。评估重心、惯性矩等数值时依赖于坐标系的选择。当前装配体具有多个坐标系时，评估质量属性时在如图 4-47 所示对话框中的"报告与以下项相对的坐标值"中选择对应的坐标系，才能获得正确的数据。

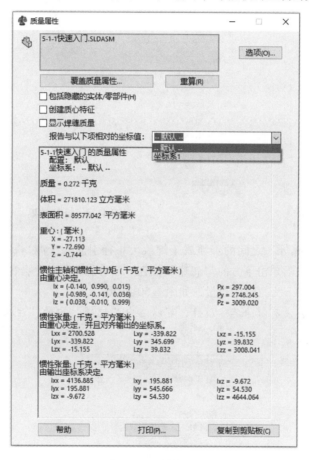

图 4-47　质量属性

4.3.2 干涉检查

验证设计是否合理，在装配体中零件间没有干涉是最基本的要求（设计性干涉除外），可以通过干涉检查分析装配体是否存在干涉。操作步骤如下：

①打开素材装配体文件"低速滑轮装置-子装配-完成.SLDASM"。

②单击工具栏中的"评估"→"干涉检查"按钮，打开如图 4-48 所示属性栏，系统默认选中整个装配体。如果需要对其中部分零部件进行检查，可在"所选零部件"栏中右击，选择"消除选择"命令后，再选择需要检查的相关零部件。

③单击"计算"按钮，在"结果"框中列出有干涉的零件部件，如图 4-49 所示。

视频·
干涉检查

选中干涉项后会在图形区高亮显示干涉位置，展开干涉项后会列出具体干涉的零件名称。

注意：根据干涉提示可以看到"托架"与"芯轴"径向有干涉，后续将会根据此处的结果对零件进行编辑修改。

图 4-48　干涉检查

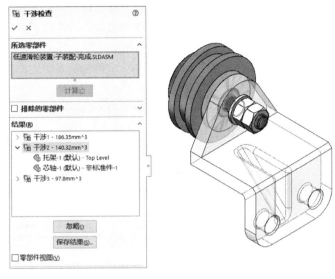

图 4-49　计算结果

④"芯轴"与"螺母"之间的干涉属于螺纹大小径引起的干涉，属于特殊情况，无须修改，可以选择该干涉项后单击下方的"忽略"按钮。当有忽略项时，会在"结果"栏下方提示"n 忽略的干涉"，其中 n 为忽略的数量，如图 4-50 所示。

注意：如果标准件没有解除其库属性，可以选中"选项"中的"生成扣件文件夹"，以将其区别于其他干涉。

图 4-50　忽略的干涉

注意：为了快速查看干涉的零部件，可以将"非干涉零部件"选择"隐藏"，系统隐藏不干涉的零部件，方便聚焦干涉零部件。

4.4 零件编辑

部分建模或设计问题在装配验证时才得以发现，如 4.3.2 节干涉检查时"托架"与"芯轴"的径向干涉。根据设计检查，需要对"托架"安装孔进行修改。这就需要对该零件进行编辑修改。SOLIDWORKS 提供了多种装在配体中编辑零件的模式。

① 在装配体中选择"托架"零件，如图 4-51 所示，在关联工具栏中单击"打开零件"按钮，该零件将单独打开。在设计树中选择特征"打孔尺寸（% 根据）"并单击关联工具栏中的"编辑特征"按钮，在打开的"孔规格"属性栏中将参数更改为"孔类型"-孔、"类型"-钻孔大小、"孔规格"-φ11.5，对孔两端添加 C1 倒角，编辑完成后保存并关闭该零件，回到装配体中该零件自动更新。

注意：在模型工作区选择该零件上的任意对象可执行相同操作。

在装配体中再次单击"评估"→"干涉检查"按钮，结果如图 4-52 所示。可以看到"托架"与"芯轴"之间已没有了干涉。

图 4-51 打开零件修改

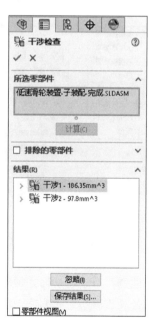

图 4-52 干涉检查

② 在装配体中选择零件"托架"，在关联工具栏中单击"编辑零件"按钮，如图 4-53（a）所示。此时除所编辑零件外，其余零件均变为半透明状态 [见图 4-53（b）]，给下方两孔两端添加 C1 倒角，修改完成后退出编辑即可。这种方式有利于编辑时参考其他零件，可直接引用关联特征对象。

③ 在装配体中选择零件"托架"，右击，在弹出的快捷菜单中选择"孤立"命令 [见图 4-54（a）]，此时其余零件均隐藏，只显示所选零件。再对该零件进行编辑，将棱边倒角尺

寸修改为 C1，编辑完成后单击如图 4-54（b）所示的"退出孤立"按钮完成修改。

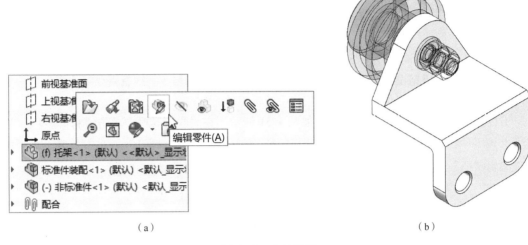

（a） （b）

图 4-53　直接编辑

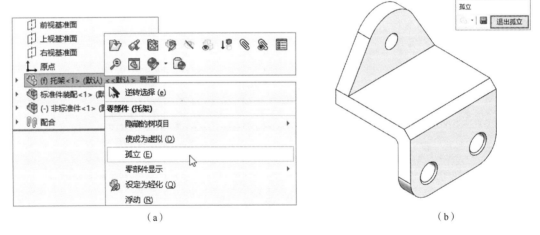

（a） （b）

图 4-54　孤立零件修改

注意： 由于参数化关联原因，在零件编辑后可能会造成装配体出现报错警告，主要原因是所做修改已影响到相关关联零件或者装配关系，需要及时更改相关错误。

4.5　装配体爆炸视图

爆炸视图用于表达装配体中零部件间的组装关系，是装配体常用的表达形式。装配体可根据需要在正常视图和爆炸视图之间切换。

4.5.1　创建爆炸视图

创建"低速滑轮装置"的爆炸视图，操作步骤如下：

①打开素材装配体文件"低速滑轮装置-爆炸视图.SLDASM"。

②单击管理器窗口的"配置"按钮,切换至"配置"栏,右击"默认"配置,在弹出的快捷菜单中选择"新建爆炸视图"命令[见图4-55(a)],打开如图4-55(b)所示的"爆炸"属性管理器。

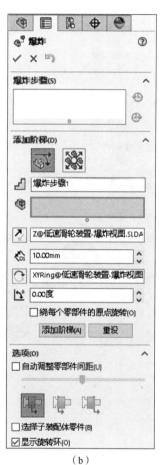

(a) (b)

图 4-55 进入爆炸环境

该装配体是使用子装配体进行规划的,现爆炸需要对每个零件进行爆炸,所以首先需要将"选项"中的"选择子装配体零件"复选框选中。

注意:如果不选中该选项,子装配体将作为一个整体选中,实际使用时可根据爆炸规划决定是否使用该选项。

③在模型区域选中需要爆炸的零件——外侧的"螺母M10",拖动"Z"向箭头将其向外移动至合适位置,在"爆炸"属性栏中单击"完成"按钮,如图4-56所示。

注意:所选零件可以是单个,也可以是多个。当需要移动确定的距离时,可以拖动零件后在属性栏中的"爆炸距离"中输入所需的距离值。

④使用相同操作方式对其他零件进行移动,结果如图4-57所示。

所有的移动操作完成后,单击属性栏中的"确定"按钮,完成爆炸视图的创建。

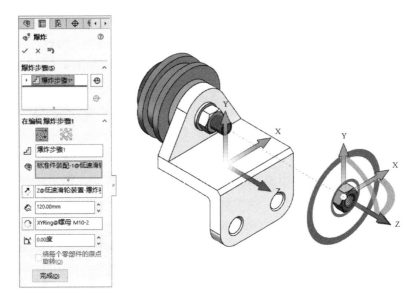

图 4-56　拖动零件

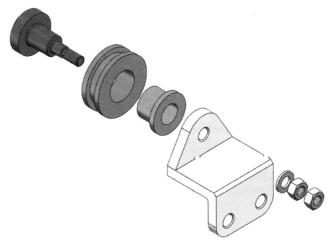

图 4-57　拖动其余零件

4.5.2　展示爆炸视图

为了更好地展示爆炸视图，SOLIDWORKS 提供了多个辅助工具，包括动画、爆炸线等。

1. 动画爆炸

为了将爆炸过程直观地表达出来，可以使用动画演示爆炸过程。双击已完成的"爆炸视图"，使装配体返回装配状态，此时配置树上的爆炸视图名称为灰色，如图 4-58 所示。

右击"爆炸视图 1"，在弹出的快捷菜单中选择"动画爆炸"命令 [见图 4-59（a）]，出现"动画控制器"工具栏 [见图 4-59（b）]，使用播放、下

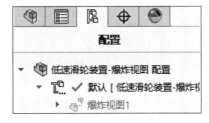

图 4-58　返回装配状态

一步、快速播放等命令对播放过程进行控制。

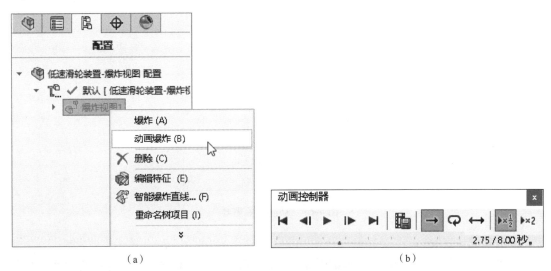

（a） （b）

图 4-59　播放控制

当需要在脱离 SOLIDWORKS 环境下进行播放时，可以单击工具栏中的"保存动画"按钮，打开"保存动画到文件"对话框，如图 4-60 所示。选择合适的参数，还可以将播放动画单独保存为视频格式。

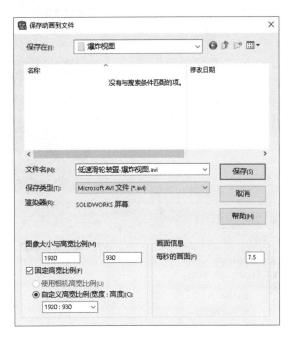

图 4-60　"保存动画到文件"对话框

2. 动画解除爆炸

当爆炸视图处于爆炸状态时，右击"爆炸视图 1"，在弹出的快捷菜单中选择"动画解除爆炸"命令，如图 4-61 所示。此时动画过程与"动画爆炸"相反，体现的是装配过程。

图 4-61　动画解除爆炸

3. 智能爆炸直线

爆炸直线用来表达装配体中零件的爆炸路径，在静态展示中能很好地表达装配关系。右击"爆炸视图 1"，在弹出的快捷菜单中选择"智能爆炸直线"命令，打开如图 4-62（b）所示的"智能爆炸直线"属性管理器，同时绘图区域中显示爆炸路径预览，单击"确定"按钮 ✓，生成爆炸直线，如图 4-62（c）所示。

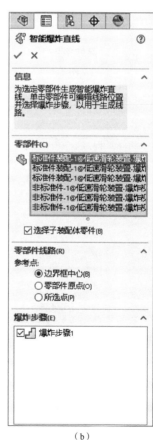

（a）　　　　　　　　　　　　　　　　　（b）

图 4-62　创建爆炸直线

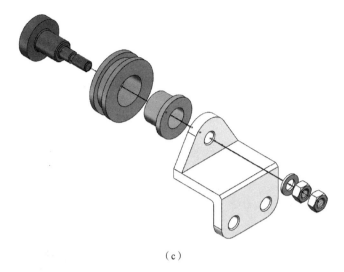

（c）

图 4-62　创建爆炸直线（续）

4.5.3　编辑爆炸视图

1. 修改爆炸视图

如果需要对爆炸视图中的某个步骤进行编辑修改，可右击"爆炸视图 1"，选择"编辑特征"命令（见图 4-63），进入"爆炸"属性管理器。

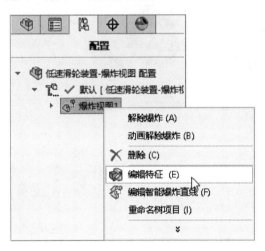

图 4-63　编辑特征

编辑主要有两种方式：一是增加新的步骤；二是修改原有的步骤。

① 选择"衬套"与"滑轮"，将其向"Y"方向移动合适的距离（见图 4-64），单击属性栏"完成"按钮。

注意：编辑过程中发现操作有误时，可单击属性栏中的"撤销"按钮 ↩。

② 单击"爆炸步骤 4"，拖动箭头向"Z"的负方向移动合适的距离（见图 4-64），单击"完成"按钮后单击"确定"按钮 ✓，完成爆炸视图的编辑，如图 4-65 所示。

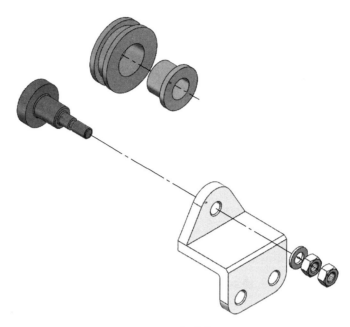

图 4-64 新增步骤

注意：此处操作对象为"爆炸步骤4"，如果在前面章节未按顺序爆炸，此处的序号不一定相同。若不相同，找到"芯轴"所在的步骤编辑即可。

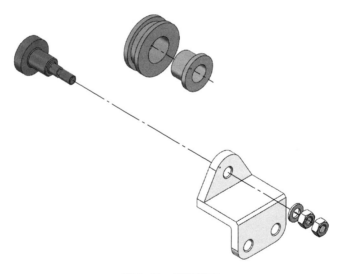

图 4-65 编辑视图

通过"动画爆炸"查看修改后的结果。

2. 修改爆炸直线

由于爆炸步骤做了修改，原爆炸直线已不符合要求，需要对其进行修改。修改包括删除重建与编辑两种方式。

①展开爆炸视图，右击"3D 爆炸 1"，选择"删除"命令（见图 4-66），删除原有爆炸直线。再次右击"爆炸视图 1"，选择"编辑智能爆炸直线"命令，生成新的爆炸直线。

第 4 章 装配体建模

图 4-66 删除爆炸直线

②在系统自动创建的爆炸直线满足不了要求时，需要对爆炸直线进行二次修改。右击"3D 爆炸 3"，选择"解散智能爆炸直线"命令［见图 4-67（a）］，此时爆炸直线转换为普通草图直线，然后再次右击"3D 爆炸 3"，选择"编辑草图"命令［见图 4-67（b）］，在模型区域编辑直线，由于"衬套""滑轮"的移动路径直线与"芯轴"的路径直线重叠，可将其删除。用同样的方法删除标准件侧重叠部分的直线，结果如图 4-67（c）所示。编辑完毕，单击模型区域的"确定"按钮 ✓，完成爆炸直线的编辑。

注意：重叠的直线不方便选择时可通过拖动其端点进行移动后再选择，也可通过框选快速选择较短的直线。

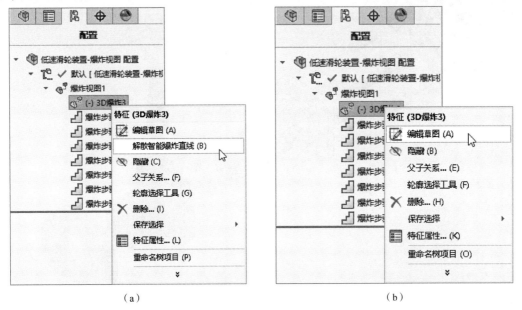

图 4-67 编辑爆炸直线

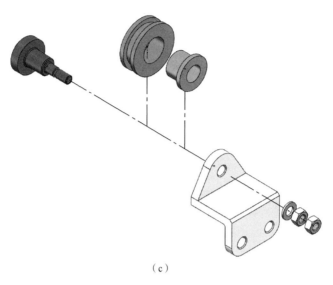

（c）

图 4-67　编辑爆炸直线（续）

4.6　装配体实例——球阀

视　频

球阀装配

图 4-68 所示为球阀装配体的爆炸视图，按此结构生成相应的装配体，其零件来源于素材目录下的"球阀"文件夹，要求配合关系合理，并根据需要选用合适的标准件。评估有没有非螺纹干涉，装配完成后将零件名称"7 垫圈"更改为"7 平垫圈"，将控制部分组成子装配体，创建爆炸视图，最后打包至其他计算机验证打开是否正常。

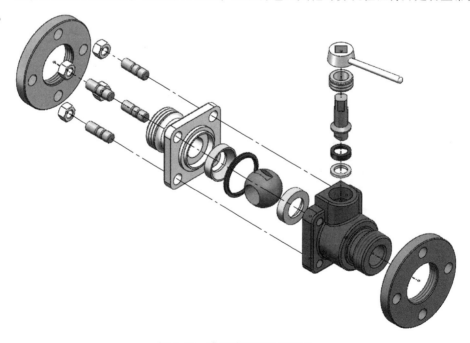

图 4-68　球阀装配体爆炸视图

操作步骤如下：

①新建装配体并保存为"球阀装配体.sldasm"。

②插入作为基准的零件"10 阀体"，如图 4-69 所示，其原点默认与装配体原点重合，确保其处于固定状态。

③插入零件"6 法兰"，回转部分与阀体右侧圆柱外圆"同轴心"，左侧端面与阀体螺纹内侧端面"重合"，"前视基准面"与装配体的"前视基准面"添加"平行"配合关系，结果如图 4-70 所示。

图 4-69　插入基准零件

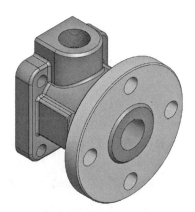
图 4-70　插入法兰

④插入"3 密封圈"，圆柱面与阀体内孔"同轴心"，大端面与内孔小阶梯面"重合"，结果如图 4-71 所示。

注意：为了方便观察装配体内部结构，此处截图使用了"剖面视图"。

⑤插入"4 球芯"，"前视基准面"与装配体的"前视基准面"平行，球面与密封圈球面"同轴心"，"右视基准面"与装配体的"右视基准面"平行，结果如图 4-72 所示。

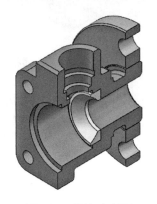
图 4-71　插入密封圈

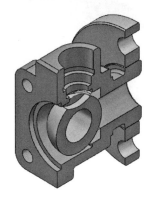
图 4-72　插入球芯

⑥复制"3 密封圈"，圆柱面与阀体内孔"同轴心"，球面与球芯球面"同轴心"，结果如图 4-73 所示。

⑦插入"7 垫圈"，圆柱面与阀体内孔"同轴心"，台阶面与阀体的内孔第一个台阶面"重合"，结果如图 4-74 所示。

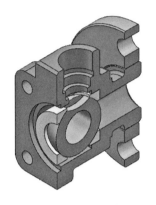 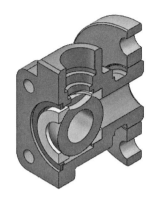

图 4-73　复制密封圈　　　　　　　图 4-74　插入垫圈

⑧插入"5 阀体接头",内孔面与阀体内孔"同轴心",右侧第一个台阶面与垫圈左侧端面"重合",长方体面与阀体对应的面"平行",结果如图 4-75 所示。

⑨从 Toolbox 中插入标准件"GB"→"螺栓和螺柱"→"螺柱"→"双头螺柱 bm = 1d",大小选择 M12,长度选择 25,圆柱面与阀体接头左上角的安装孔"同轴心",长螺纹端的端面与阀体接头左侧大端面距离 12.5 mm,结果如图 4-76 所示。

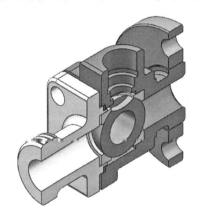 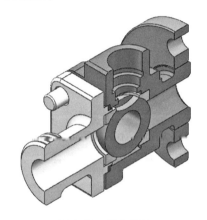

图 4-75　插入阀体接头　　　　　　图 4-76　插入螺柱

⑩从 Toolbox 中插入标准件"GB"→"螺母"→"六角螺母"→"1 型六角螺母",大小选择 M12,孔与螺柱"同轴心",右端面与阀体接头左侧大端面"重合",螺母棱面与阀体接头上表面平行(便于出图),结果如图 4-77 所示。

⑪单击工具栏中的"装配体"→"线性零部件阵列"按钮,阵列方向选择"阀体接头"外轮廓的两条边线,两个方向间距均为 58 mm,数量为 2,要阵列的零部件选择螺柱与螺母,结果如图 4-78 所示。

⑫插入"8 垫环",圆柱面与阀体的竖直孔"同轴心",端面与竖直孔的底部台阶面"重合",结果如图 4-79 所示。

⑬插入"13 阀杆",圆柱面与阀体的竖直孔"同轴心","上视基准面"与装配体的"前视基准面"添加"重合"配合关系,下端台阶面与垫环端面"重合",结果如图 4-80 所示。

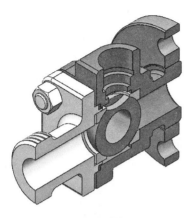
图 4-77 插入螺母

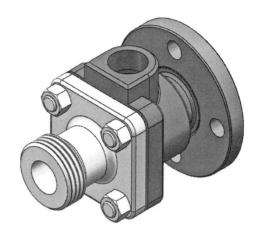
图 4-78 阵列标准件

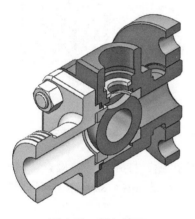
图 4-79 插入垫环

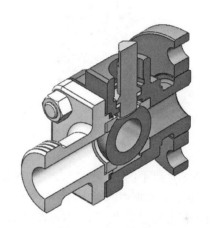
图 4-80 插入阀杆

⑭插入"9 密封环",圆柱面与阀体的竖直孔"同轴心",锥面与阀杆锥面重合,结果如图 4-81 所示。

⑮插入"11 螺纹压环",圆柱面与阀体的竖直孔"同轴心",下端面与密封环上端面重合,"上视基准面"与装配体"前视基准面"重合(便于作图),结果如图 4-82 所示。

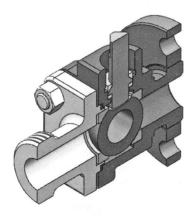
图 4-81 插入密封环

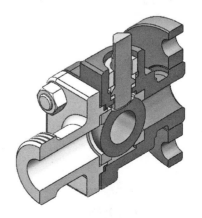
图 4-82 插入螺纹压环

⑯插入"12 手柄",两棱面与阀杆对应的棱面"重合",下端面与阀杆的上台阶面重合,结果如图 4-83 所示。

思考:为了区别两个相同的法兰,此时通常使用不同颜色区别,以方便识别,试更改两个法兰为不同颜色。

⑰复制"6 法兰",圆柱面与阀体接头螺纹面"同轴心",后端面与阀体接头的螺纹台阶圆边线"重合","前视基准面"与装配体的"前视基准面"添加"平行"配合关系,结果如图 4-84 所示。

⑱将两个标准件分别另存为螺母 M12 和螺柱 M12X25。

•视频
球阀标准件另存

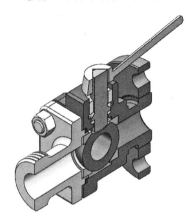

图 4-83 插入手柄

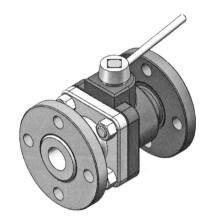

图 4-84 复制法兰

⑲单击工具栏中的"评估"→"干涉检查"按钮,打开"干涉检查"属性栏,单击"计算"按钮,将选项中的"生成扣件文件夹"选中,结果如图 4-85 所示。可以看到除了"扣件"干涉外没有其他干涉,可以判断没有零件间干涉。

⑳在设计树上两次单击"7 垫圈"进入修改状态,重新命名为"7 平垫圈",结果如图 4-86 所示。

注意:在设计树中直接重命名零件需要将选项中"系统选项/FeatureManager"中的选项"允许通过 FeatureManager 设计树重命名零部件文件"选中。

图 4-85 干涉检查

图 4-86 重命名零件

㉑单击工具栏中的"装配体"→"插入零部件"→"新装配体"按钮,命名为"控制部分",将零件"4 球芯、8 垫环、9 密封环、11 螺纹压环、12 扳手、13 阀杆"移至该子装配体中,结果如图 4-87 所示,将该子装配体保存为外部文件。

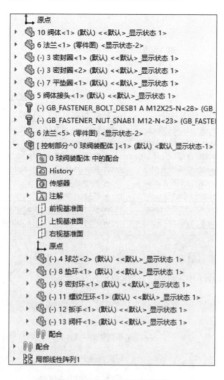

图 4-87　创建子装配体

㉒在"配置"栏生成新的爆炸视图,爆炸步骤与装配步骤相反,结果如图 4-88 所示。通过动画播放验证爆炸顺序是否合理。

视频

球阀爆炸视图

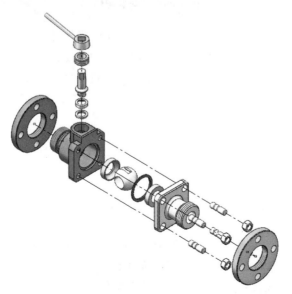

图 4-88　创建爆炸视图

㉓选择菜单栏中的"文件"→"Pack and Go"命令，打开如图 4-89 所示对话框，将装配体打包成压缩包形式，并复制至其他计算机上验证打开是否正常。

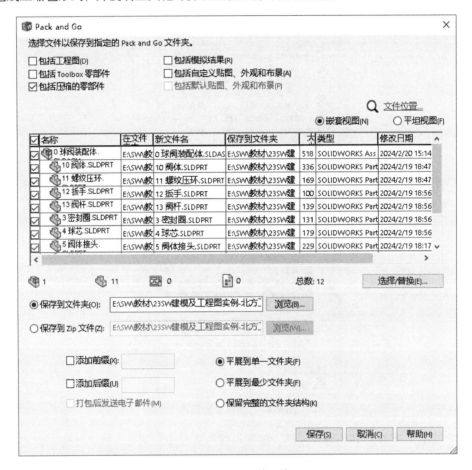

图 4-89　打包装配体

装配过程中的各零件间的配合关系有多种方案，实际操作时可从装配基准、主从关系、利于编辑等方面考虑采用哪种配合方案。比较容易出问题的是配合关系之间的冲突，操作过程中要注意合理使用配合关系，规划好子装配，发现问题及时修复。后续增加配合不能修正前面的配合问题，反而给排错带来额外的查找难度。

练习题

一、简答题

1. 如何检查并修改配合关系？
2. 零部件较多时，如何对配合进行管理？

二、操作题

1. 调用素材"钻模"中的各个零件进行装配，各零件间的配合关系及标准件型号如第 6 章练习题中的图 6-76 及图 6-77 所示。
2. 对装配体创建爆炸视图，如图 4-90 所示。
3. 对装配体进行干涉检查。

视 频

练习

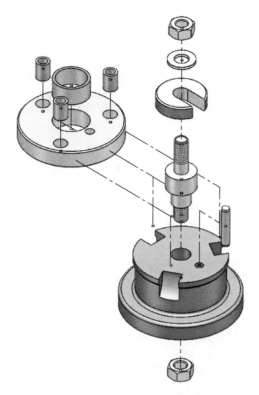

图 4-90 "钻模"装配体爆炸视图

第 5 章 零件图绘制

工程图包括零件图和装配图等,是设计者思想表达和设备加工制造的主要依据。SOLIDWORKS 可以从已创建的零件或装配体直接生成二维工程图。零件、装配体和工程图是互相链接的文件,任何对零件或装配体所做的更改均会使对应的工程图文件产生相应变更。

学习目标

- 理解三维软件与二维软件中工程图的差异。
- 熟悉基本视图的生成。
- 掌握各种尺寸标注的方法。
- 掌握工程图模板创建的方法。
- 熟悉工程图数据交流沟通的手段。

5.1 工程图概述

5.1.1 工程图环境

• 视 频
概述

打开素材文件 "5.1.1.SLDDRW",如图 5-1 所示。其主体环境布局与模型环境类似,从设计树中可以看到工程图包含两个相对独立的部分,即"图纸格式"和"工程图视图"。

图纸格式是根据企业要求制定的具有固定格式的部分,如图纸幅面定义、图框、标题栏、表格等内容,如图 5-1 中所示。图形区域的图框、图框中的文字、标题栏等均为图纸格式的内容。

工程图主要包括几个由模型创建的工程图视图以及视图的细节,如尺寸标注、形位公差、表面粗糙度、文本等。对于装配模型的工程图而言,还应包括材料明细表及零件序号。

5.1.2 图纸格式

工程图图纸格式包括工程图的图幅大小、比例、标题栏设置、零件明细表定位点等在内的工程图中保持相对不变的内容,通常设置好以后随工程图模板一起保存,以供设计工程图时调用。

在工程图中,可以编辑图纸格式,如更改标题栏中填写的内容等。其操作方法如下:

① 在 FeatureManager 设计树中右击"图纸格式",或者在绘图区域的空白处右击,在弹出的快捷菜单中选择"编辑图纸格式"命令,进入到图纸格式编辑状态。如图 5-2 所示,此时工程图视图、尺寸标注、文字等内容自动隐藏,只显示图纸格式部分,可对其相关内容进行编辑修改,如修改标题栏格式、编辑文字等。

第 5 章 零件图绘制

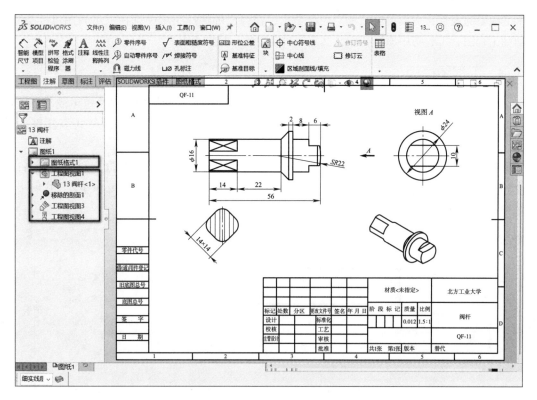

图 5-1 SOLIDWORKS 工程图

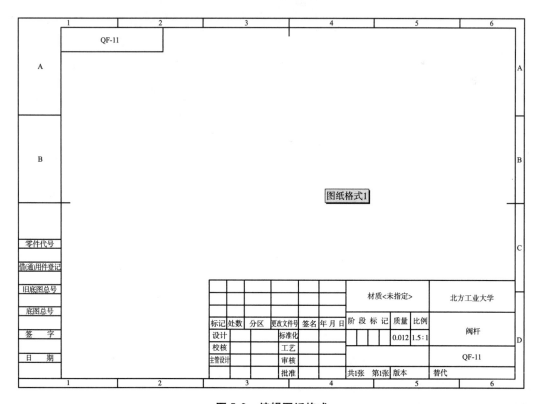

图 5-2 编辑图纸格式

②编辑完成后,在图形区域的空白处右击,在弹出的快捷菜单中选择"编辑图纸"命令,返回到工程图,工程图中原有视图、文字等自动出现,见图5-1。

5.1.3 工程图模板

工程图模板存储了图纸格式及相关工程图的设置,使用工程图模板可以快速生成符合企业标准的工程图,如标题栏的自动填写、规范的视图表达、标准的尺寸标注样式等注释的设置等。

SOLIDWORKS 提供了接近中国国家标准的工程图模板,工程图模板文件的扩展名为".drwdot",包括从 A0 ~ A4 图纸幅面的 6 个模板。图 5-3 所示的 gb_ a0 ~ gb_ a4p,使用时可直接选用这 6 个模板,也可在此基础上进行编辑修改,以使其符合实际需要。

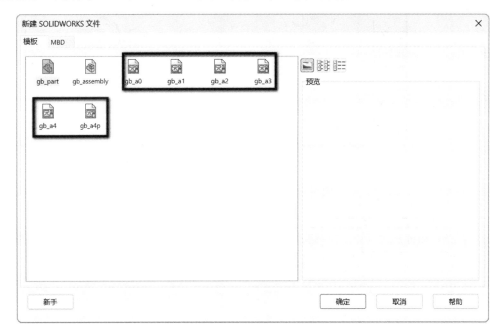

图 5-3 默认的工程图模板

当需要对已有模板进行修改时,可采用如下方法:

①单击标准工具栏中的"打开"按钮,出现"打开"文件对话框,在对话框下"文件名"后面的"文件类型"下拉列表中选择 Template (*.prtdot,*.asmdot,*.drwdot) 类型,系统自动转到 SOLIDWORKS 的默认模板目录,列出已有模板文件,如图5-4 所示。

注意:如果打开的不是默认的模板目录,则需要检查系统选项中文件位置下的"文件模板"文件夹位置是否正确。在多次安装不同版本时,该目录可能会保持最早安装时所默认的目录,而非当前使用版本的应有位置。

②选择 gb_ a4.drwdot 文件,单击"打开"按钮,打开 A4 幅面的工程图模板(见图5-5),此时可修改该模板的图纸格式。

③单击标准工具栏中的"选项"按钮,打开选项对话框,切换至"文档属性"选项卡(见图5-6),系统默认的"总绘图标准"为 GB,但并非完全符合国标规范,对该选项卡中的内容根据国家标准规定或实际需要修改相应的参数,包括标注字体、箭头、视图标注、线型设置

等。"文档属性"中的设置结果是随着文件一起保存的,即随模板文件保存,以后调用该模板开始创建工程图时,相关的设置就不用重复了。

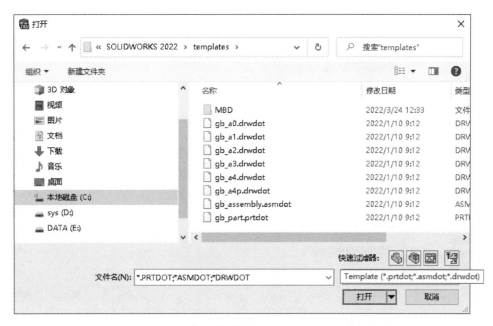

图 5-4 打开模板文件

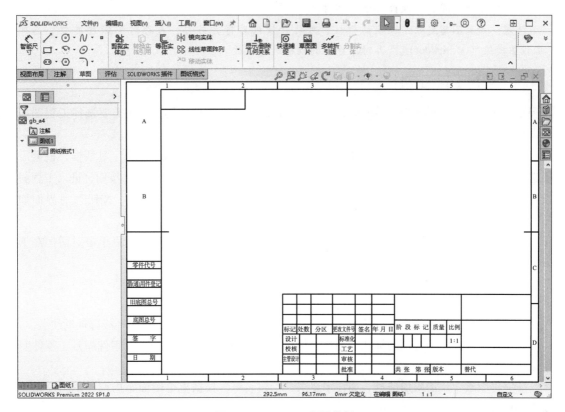

图 5-5 gb_ a4 工程图模板

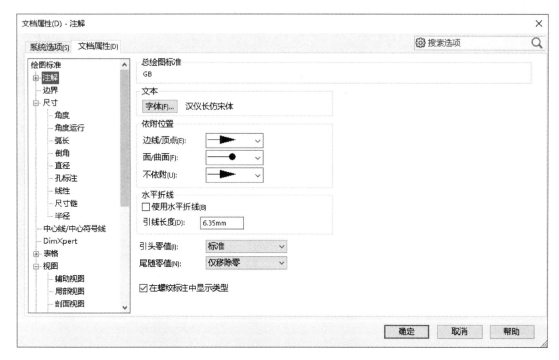

图 5-6 文档属性选项卡

④模板设置完成后,保存并退出文件。

注意: 如果不想更改系统默认模板,可打开模板后将其另存,另存时"保存类型"选择"工程图模板(*.drwdot)",再对保存后的模板进行修改。

5.1.4 创建工程图文件

工程图文件的扩展名为".slddrw"。新建工程图和建立零件相同,首先需要选择工程图模板文件。

单击标准工具栏中的"新建"按钮,打开"新建 SOLIDWORKS 文件"对话框,根据需要选择所需的工程图模板文件,如图 5-3 所示的 gb_a3 模板,单击"确定"按钮,进入工程图设计界面,如图 5-7(a)所示出现"模型视图"属性管理器,单击"取消"按钮✖后界面如图 5-7(b)所示。

如果新建对话框中显示的不是图 5-3 所示界面,而是图 5-8 所示界面,可单击对话框左下方的"高级"按钮进行切换。

工程图设计的基本操作步骤如下:

①创建视图:创建表达零部件结构形状的一个或多个视图。

②完善视图:对不符合规范的视图进行修正,补充生成如对称中心线、轴线等辅助线条。

③添加标注:添加合理的标注,如尺寸标注、表面粗糙度、几何公差、零件序号、零件明细表等内容。

④完善图纸:添加附加信息,如技术要求、参数表等,根据整个图面布局调整视图及相关要素的位置。

第 5 章 零件图绘制

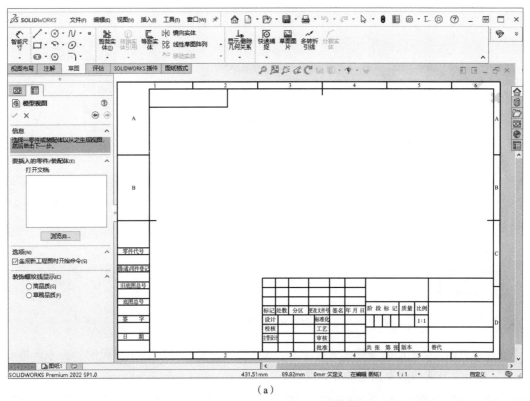

(a)

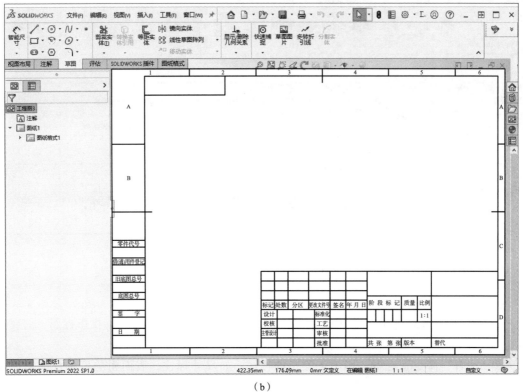

(b)

图 5-7 工程图界面

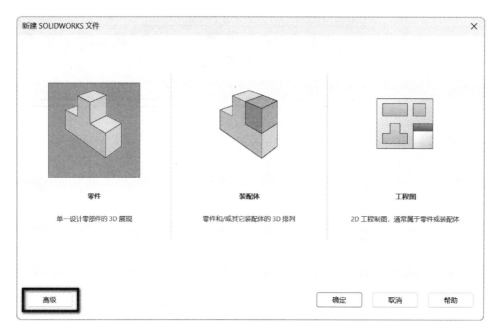

图 5-8 新手界面

工程图界面常使用的命令管理器有 3 个，如图 5-9 所示，分别是"工程图"命令管理器、"注解"命令管理器和"草图"命令管理器。

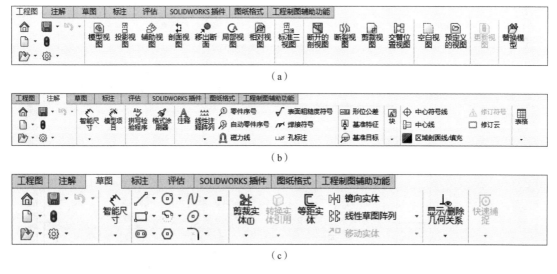

图 5-9 工程图命令管理器

各命令管理器的作用如下：

① "工程图"命令管理器：用于生成各种类型的视图，如模型视图、投影视图、剖视视图等。

② "注解"命令管理器：用于工程图的标注，如尺寸标注、表面粗糙度标注、文字注写等。

③ "草图"命令管理器：用于在工程图上绘制草图，如创建剖视图、局部剖视图等需要使

用的草图，或单独绘制工程图（与二维 CAD 的绘图功能相同）。

5.2　零部件属性

工程图中部分信息来源于零部件，如标题栏中的名称、代号、材料、重量等，且需要保持与零部件的关联。为确保这些信息准确同步，需要相应的零部件中有对应的属性。

零部件属性内容可以包含难以在模型中表达的又是设计必需的信息，如名称、图号、重量、设计人员等，而这些信息也是零部件的基本识别信息，大多的 PDM、ERP、MES 等管理类软件均依赖于这些信息进行识别。SOLIDWORKS 中输入这些属性通常有两种方法：

1. 文件属性中输入

在打开的模型环境中选择菜单栏中的“文件”→“属性”命令，打开如图 5-10 所示的“摘要信息”对话框，模板中已有部分属性信息，可以根据需要增减。“数值/文字表达”主要有两种形式：一是固定文字，直接输入所需内容；二是链接值，如“质量”来源于模型的自动计算，单击该文本框，在出现的下拉列表中选择对应的链接属性即可。而属性又分为两大类：“自定义”与“配置特定”，对于多配置零部件而言，如果属性信息在“自定义”中输入，则无论是哪个配置均可使用该属性信息，如属性信息在“配置特定”中输入，则只对当前激活的配置有效。

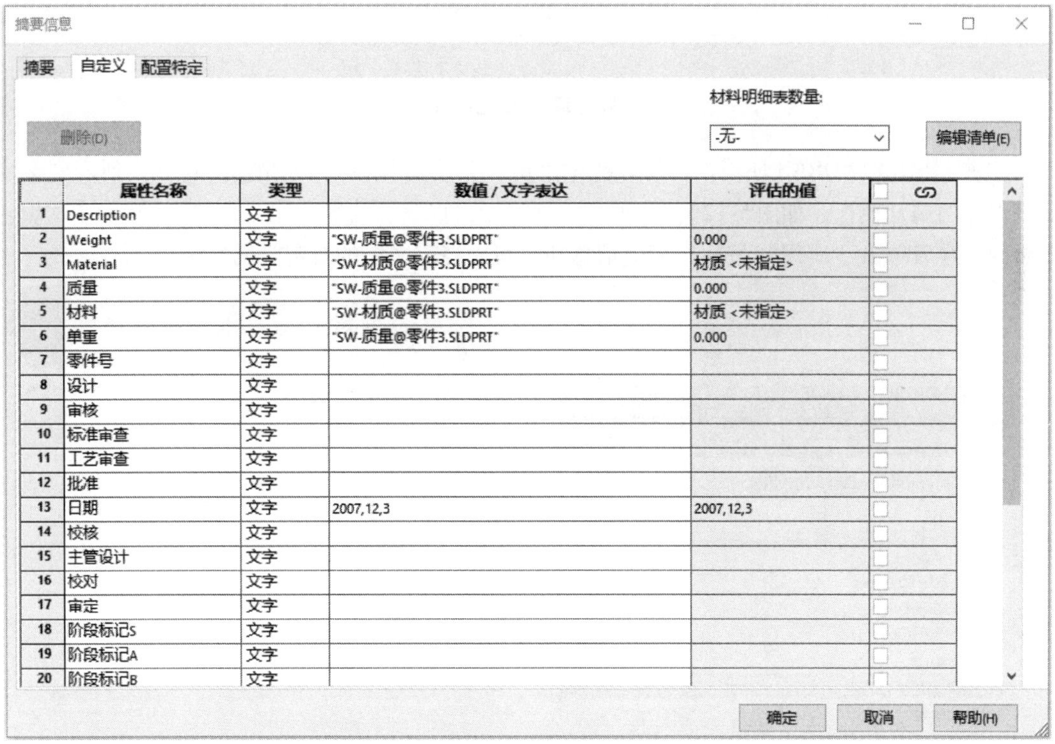

	属性名称	类型	数值 / 文字表达	评估的值
1	Description	文字		
2	Weight	文字	"SW-质量@零件3.SLDPRT"	0.000
3	Material	文字	"SW-材质@零件3.SLDPRT"	材质 <未指定>
4	质量	文字	"SW-质量@零件3.SLDPRT"	0.000
5	材料	文字	"SW-材质@零件3.SLDPRT"	材质 <未指定>
6	单重	文字	"SW-质量@零件3.SLDPRT"	0.000
7	零件号	文字		
8	设计	文字		
9	审核	文字		
10	标准审查	文字		
11	工艺审查	文字		
12	批准	文字		
13	日期	文字	2007,12,3	2007,12,3
14	校核	文字		
15	主管设计	文字		
16	校对	文字		
17	审定	文字		
18	阶段标记S	文字		
19	阶段标记A	文字		
20	阶段标记B	文字		

图 5-10　属性输入

2. 通过任务栏的“自定义属性”输入

通过“自定义属性”可快速输入相关信息，前提是需要预先定义好属性项。

①在 Windows 的程序组中找到"SOLIDWORKS 工具 2022"→"属性标签编制程序 2022",打开后其界面如图 5-11（a）所示,首先在最右侧选择定义的类型,如"零件",再从左侧的可视化定义栏将需要定义的属性（如"文本框"）拖入中间的"自定义属性"组框中并修改属性,属性值可以输入默认值,以减少后续属性输入的工作量。注意将每个属性的"标题"与"名称"栏尽量一致,选择该信息是自定义属性还是配置属性。创建如图 5-11（b）所示属性内容并保存为"教材示例"。

（a） （b）

图 5-11 属性编制

②进入 SOLIDWORKS 环境,在任务栏中单击"自定义属性"按钮,其下拉列表中会出现刚保存的属性模板,如图 5-12（a）所示,选择后出现属性内容,如图 5-12（b）所示,填入需要的内容后单击"应用"按钮,相应信息即可写入当前文档的自定义属性中。

（a） （b）

图 5-12 任务栏输入

装配体的定义只需要在"属性标签编制程序"中将类型选择为"装配体"即可,其余操作方式相同。

5.3 工程图视图

工程图视图用于表达零部件的结构形状,通常分为外形和内形的表达,视图用于表达零部件的外形,剖视图或断面图用于表达内形或断面形状。SOLIDWORKS 的视图工具名称与国家标准中的名称不尽相同,本节主要介绍如何使用 SOLIDWORKS 的视图工具生成国标中的各种视图。

视 频

创建托架
工程图

5.3.1 主视图

打开素材模型 5.3.1.SLDPRT 托架,单击选择"文件"→"从零件制作工程图"命令,选择 gb_ a3 模板后进入工程图环境。

主视图通常作为工程图中的第一个视图创建,用来表达零部件的主要形状特征。在 SOLIDWORKS 中通常使用"模型视图"工具生成主视图,也可以使用"相对于模型"工具,还可以用"投影视图"创建主视图。

1. 使用"模型视图"工具生成主视图

①单击工具栏中的"工程图"→"模型视图"按钮,打开"模型视图"属性管理器,如图 5-13 所示,在"要插入的零件/装配体"列表框下方显示为所对应的模型文件"5.3.1"。

注意:如果没有预先打开模型文件,而是直接新建的工程图,可在属性管理器中单击"浏览"按钮,选择需要打开的模型文件,单击"打开"按钮。

②单击属性栏中的"下一步"按钮或双击"托架",模型视图属性栏切换至如图 5-14 所示。

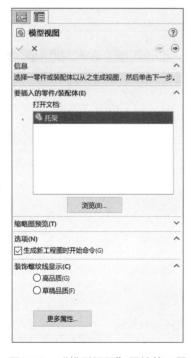

图 5-13 "模型视图"属性管理器

图 5-14 选择视图

③在"方向"列表下方的"标准视图"区,单击"前视"视图按钮,决定主视图的投影方向,选中"预览"复选框,可在图形区域显示选中的投影方向的预览视图,如图 5-15(a)所示,选择合适的位置单击即可生成主视图,如图 5-15(b)所示。如果选中任务窗格"视图调色板"标签中的"自动开始投影视图"复选框[见图 5-16(a)],则系统自动开始创建投影视图。

注意:选择哪个视图作为主视图,取决于视图的表达需要,实际使用时可以通过预览进行判断。

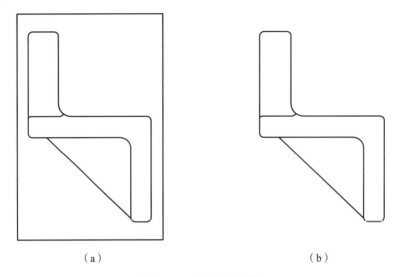

图 5-15 确定视图位置

图 5-16 "模型视图"属性设置

注意:"模型视图"属性栏参数较多,如图5-16(b)所示,"显示样式"列表下的按钮决定视图的显示样式,从左至右分别是"线架图"、"隐藏线可见"、"消除隐藏线"、"带边线上色"和"上色",默认的显示样式是"消除隐藏线",即在投影图中不显示虚线(隐藏线)。"比例"列表下的参数决定视图的比例,单击"使用自定义比例"单选按钮,可以在"比例"下拉列表框中选择预定义比例,或自定义比例。"装饰螺纹线显示"列表下的按钮决定装饰螺纹线在视图中的显示效果。

2. 使用"相对视图"工具生成主视图

如果在创建零件或装配体时没有按照系统默认的3个基准面方向去创建,那么使用"模型视图"工具通常不能得到符合要求的主视图。此时,可以使用"相对视图"工具,按照需要的方向投影来生成主视图。

注意:这种情况多出现在自顶向下的设计中,此时模型的坐标系取决于参考零件的方向。

①选择菜单栏中的"插入"→"工程图视图"→"相对于模型"命令,[见图5-17(a)],打开如图5-17(b)所示的"相对视图"属性管理器。

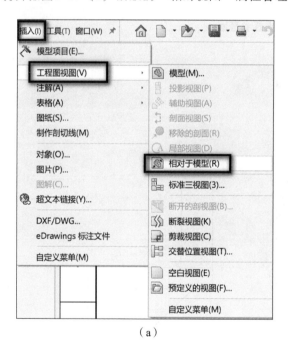
(a)

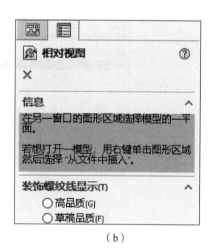
(b)

图5-17 进入"相对视图"属性管理器

②切换至打开的模型(见图5-18),在"第一方向"下拉列表中选择"前视",表示主视图投影方向为选定的"面1"方向;在"第二方向"下拉列表中选择"右视",表示得到的主视图中,选定的"面2"在右侧。

注意:如果所需的模型没有打开,可右击绘图区空白处,在弹出的快捷菜单中选择"从文件中插入"命令,在打开的"打开"对话框中浏览选择要投影的零件或装配体文件,此时将在新窗口中打开此模型用于选择参考面。

③单击"确定"按钮,系统切换回"相对视图"属性栏[见图5-19(a)],光标处出现视图预览,选择合适的位置单击放置视图,结果如图5-19(b)所示。

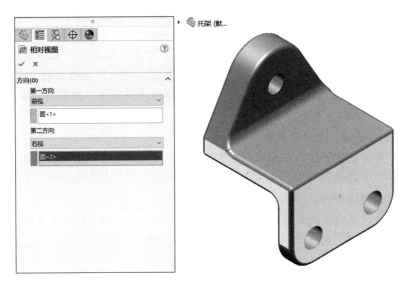

图 5-18 选择参考面

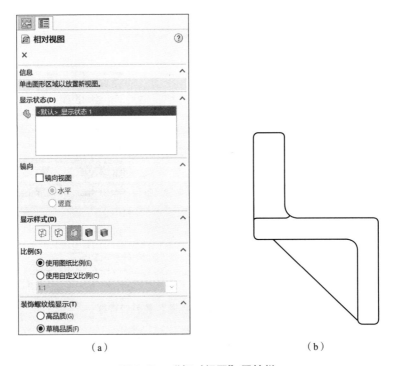

（a）　　　　　　　　　　　　　　（b）

图 5-19 "相对视图"属性栏

3. 使用其他视图作为主视图

使用其他工程图视图工具生成的视图，均可作为主视图，如图 5-20（a）所示的工程图，共有 3 个视图，现在想将左视图作为主视图，只需把主视图、俯视图删除，然后将左视图移动到左上部主视图的位置即可。此后可根据此主视图，再生成左视图、俯视图，如图 5-20（b）所示。

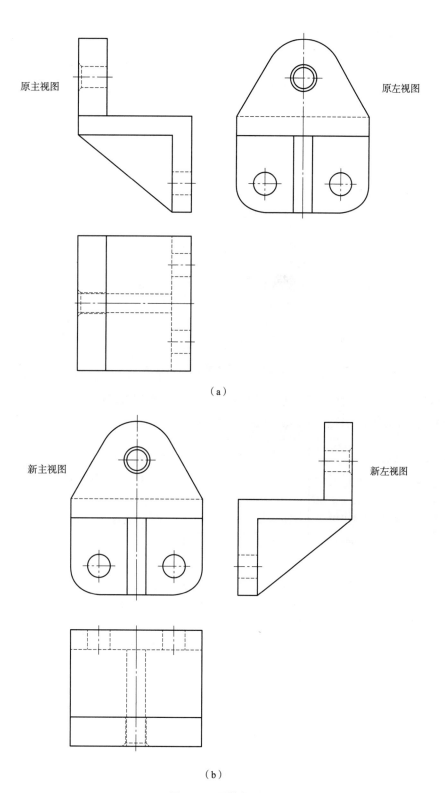

图 5-20 更换视图

5.3.2 其他标准视图

国家标准规定的标准视图共有 6 个，除了主视图以外，还有俯视图、左视图、右视图、仰视图和后视图，这 5 个视图均可使用"投影视图"工具根据主视图来生成。操作步骤如下：

①打开素材文件 5.3.2.slddrw，或在 5.3.1 节创建的图纸中继续操作。

②单击工具栏中的"工程图"→"投影视图"按钮 ，打开如图 5-21 所示的"投影视图"选择栏。

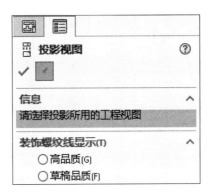

图 5-21　"投影视图"选择栏

③选择主视图作为投影参考，属性栏如图 5-22 所示，在图形区域移动鼠标可以看到所生成的视图预览，移至合适的位置后单击左键确定。

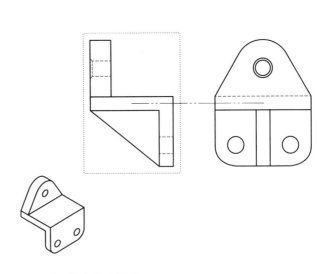

图 5-22　创建投影视图

④继续移动鼠标创建其余视图，结果如图 5-23 所示，所需视图创建完成后单击"确定"按钮 完成投影视图的创建。

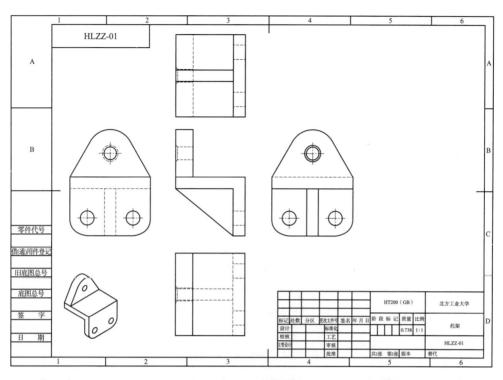

图 5-23 创建视图

⑤重复步骤②~④,以现有"左视图"为参考视图投影生成后视图,如图 5-24 所示。

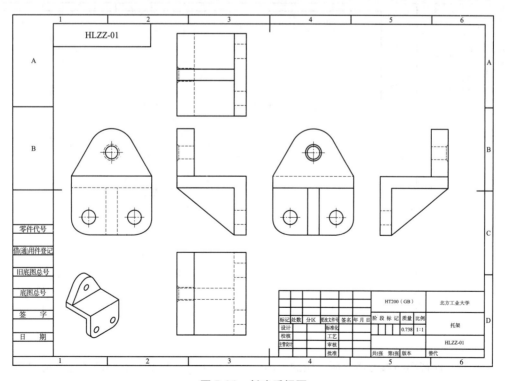

图 5-24 创建后视图

5.3.3 向视图

●视频
向视图

向视图是可自由配置的基本视图,可使用"辅助视图"工具生成向视图。操作步骤如下:

①打开素材文件 5.3.3.slddrw,或在 5.3.2 节创建的图纸中继续操作。

②单击工具栏中的"工程图"→"辅助视图"按钮,打开如图 5-25 所示的参考对象选择属性栏。

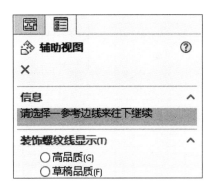

图 5-25 辅助视图选择栏

③选择如图 5-26 所示的主视图左侧竖直边线作为向视图的投影参考,然后向右移动并放置视图,即可产生对应的向视图。

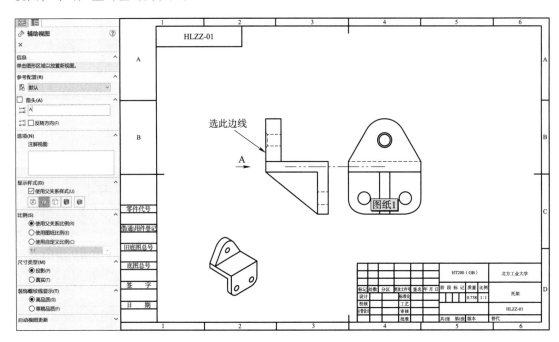

图 5-26 选择投影参考边线

④此时,向视图与参考边线所对应的视图保持投影关系,只能左右移动,还不能自由移动放置在其他位置。要使向视图可以自由移动,可右击向视图区域,在弹出的快捷菜单中选择

"视图对齐"→"解除对齐关系"命令,即可将此向视图移动到其他合适的位置,如图 5-27(a)、(b)所示。

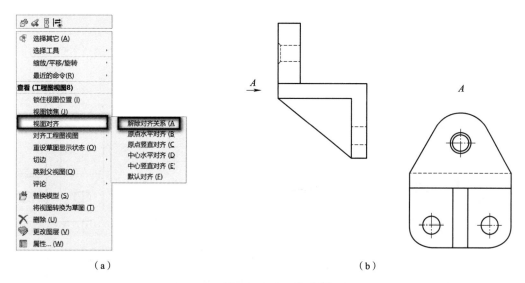

图 5-27 解除对齐关系后的向视图

5.3.4 斜视图

使用"辅助视图"工具也可以生成斜视图,操作方法与向视图类似。

打开素材文件 5.3.3.slddrw,单击工具栏中的"工程图"→"辅助视图"按钮,选择斜边为参考边线并放置视图,结果如图 5-28 所示。

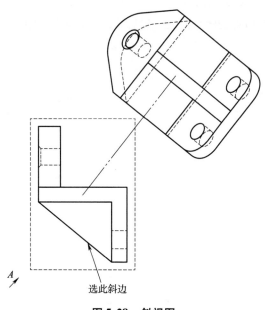

图 5-28 斜视图

按照图 5-27(a)的方法解除创建的斜视图对齐关系后,将斜视图放置在其他合适的位置。

还可根据需要将斜视图旋转放正布置，右击斜视图区域，在弹出的快捷菜单中选择"对齐工程图视图"→"顺时针水平对齐图纸"命令［见图5-29（a）］，系统自动对视图旋转水平布置，如图5-29（b）所示。

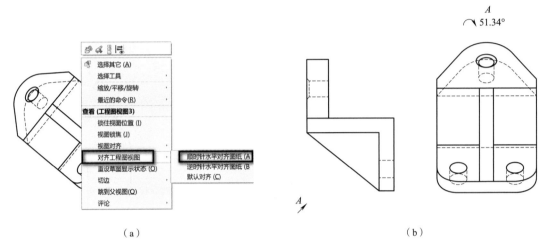

（a）　　　　　　　　　　　　（b）

图 5-29　水平对齐斜视图

5.3.5　局部视图

将零部件的某一部分向基本投影面投影，所得到的视图叫作局部视图。SOLIDWORKS 中可使用"剪裁视图"命令完成局部视图的创建。操作步骤如下：

①打开素材文件 5.3.5.slddrw。

②双击"左视图"使其处于激活状态，单击工具栏中的"草图"→"样条曲线"按钮，在左视图中绘制如图 5-30 所示的闭合曲线，然后单击"确定"按钮，退出曲线绘制。

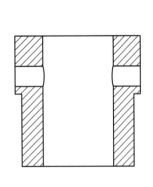　　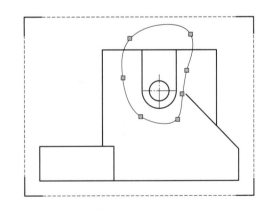

图 5-30　绘制闭合的样条曲线

注意：处于激活状态的视图有矩形框提示，视图只有处于激活状态时，所绘制的草图元素才能与当前视图关联，如果绘制时无任何视图被激活，所绘草图元素将作为图纸元素，与视图无关，无法关联。

③选中刚绘制的样条曲线，单击工具栏中的"工程图"→"剪裁视图"按钮，即可生

成局部视图，结果如图 5-31 所示。

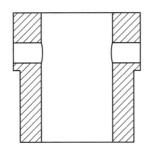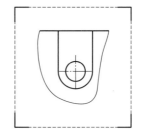

图 5-31　局部视图

注意：要取消视图的激活，在图纸任意空白处双击即可。

5.3.6　局部放大图

局部放大图用于表达零部件上某些细小结构，SOLIDWORKS 中可使用"局部视图"完成局部放大图的创建。操作步骤如下：

①打开素材文件 5.3.6.slddrw。

②单击工具栏中的"草图"→"圆"按钮 ⊙，在主视图中右侧槽口处绘制如图 5-32 所示的圆，然后单击"确定"按钮 ✓ 退出圆绘制。

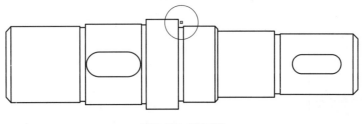

图 5-32　绘制圆

③选中刚绘制的圆，单击工具栏中的"工程图"→"局部视图"按钮 ，打开"局部视图"属性管理器，如图 5-33（a）所示。在属性管理器的"比例"栏中，选中"使用自定义比例"单选按钮，在"比例"下拉列表框中选择"5∶1"，此时放大的视图跟随光标移动，在图形区域的适当位置单击放置局部放大图，如图 5-33（b）所示。

5.3.7　断裂视图

对于较长的机件（如轴、连杆、筒、管、型材等），若沿长度方向的形状一致或按一定规律变化时，为节省图纸空间，可采用断裂画法缩短来表达。SOLIDWORKS 中可使用"断裂视图"完成断裂画法，操作步骤如下：

①打开素材文件 5.3.6.slddrw。

②单击工具栏中的"工程图"→"断裂视图"按钮 ，打开"断裂视图"属性管理器，然后在图形区域选择主视图，作为要断开的视图，如图 5-34 所示，在属性管理器的"断裂视图设置"栏中，单击"添加竖直折断线"按钮 ，在"缝隙大小"文本框中输入 2 mm，在"折断

线样式"栏中单击"小锯齿线切断"按钮 ⁀⁀，然后在图形区域的适当位置放置两条竖直折断线。

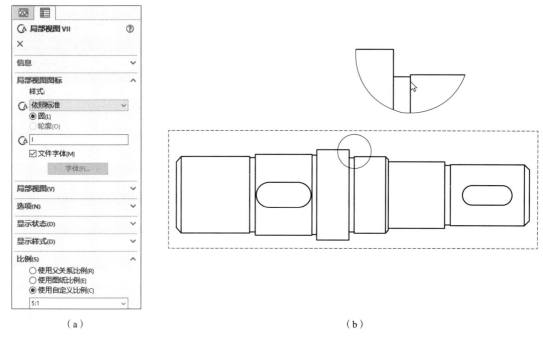

（a） （b）

图 5-33 "局部视图"属性管理器和局部放大图

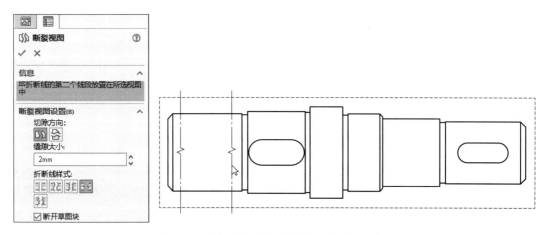

图 5-34 "断裂视图"属性管理器及断裂设置

③单击"确定"按钮 ✓，完成断裂视图的创建，结果如图 5-35 所示。

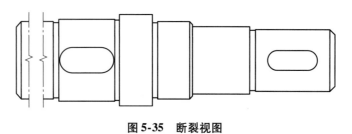

图 5-35 断裂视图

5.4 剖 视 图

剖视图用来表达零部件的内部结构，常用的有全剖视图、半剖视图、局部剖视图阶梯剖视图和旋转剖视图等。

剖视图

5.4.1 全剖视图

全剖视图可以使用 SOLIDWORKS 的"剖面视图"或"断开的剖视图"工具生成。当工程图中的全剖视图需要标注时，通常使用"剖面视图"工具；如果不需要标注，则可使用"断开的剖视图"工具来生成。

①打开素材文件 5.4.1.slddrw，绘制全剖的主视图。

②单击工具栏中的"工程图"→"剖面视图"按钮 ⇄，出现"剖面视图辅助"属性管理器，如图 5-36 所示。选择"剖面视图"选项卡，因剖切面为水平面，故单击"水平"按钮，在视图圆心处单击，然后在属性管理器中单击"确定"按钮 ✓，剖视图预览跟随光标移动。移动鼠标至俯视图上方合适位置处单击确定剖视图位置，如图 5-37 所示。

③在剖面视图中单击，激活剖面视图属性管理器，如图 5-38 所示，单击切除线部分的"反转方向"，可以改变剖切视图的投影方向，如图 5-39 所示。在"反转方向"下方"标号"文本框中输入不同字母，可改变剖视图名称标号。

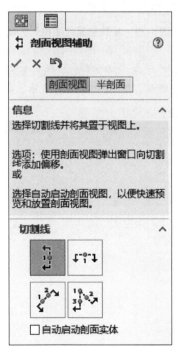

图 5-36 "剖面视图辅助"属性管理器

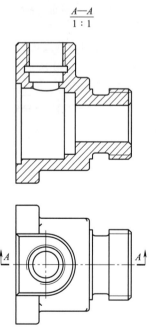

图 5-37 全剖视图

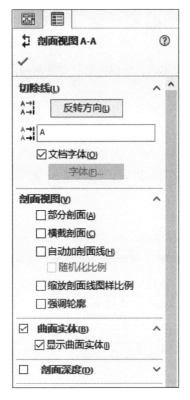
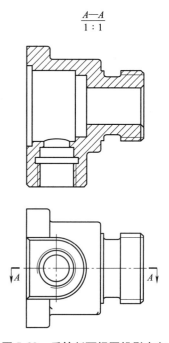

图 5-38　剖面视图属性　　　　图 5-39　反转剖面视图投影方向

注意：若无须对剖切位置进行标注，可以在设计树中右击"切除线"，在弹出的快捷菜单中对其进行隐藏，如图 5-40 所示。若无须对剖视图进行标注，可选中剖视图名称，将其删除。

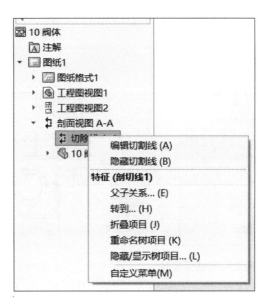

图 5-40　隐藏切割线

5.4.2 半剖视图

半剖视图通常使用 SOLIDWORKS 的"剖面视图"工具生成。

①打开素材文件 5.4.2.slddrw，或在 5.4.1 节创建的图纸中继续操作，绘制半剖的左视图。

②单击工具栏中的"工程图"→"剖面视图"按钮 ⇌，出现剖面视图辅助属性管理器，如图 5-41 所示。选择"半剖面"选项卡，因投影方向从左至右，且半剖的左视图的左侧为视图，右侧为剖视图，故单击左侧的 按钮，在俯视图圆心处单击，剖视图预览跟随光标移动。移动鼠标至俯视图右侧合适位置单击，确定剖视图位置，如图 5-42 所示。

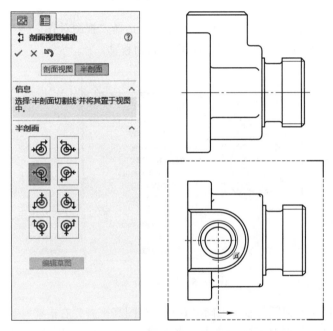

图 5-41 "剖面视图辅助"属性管理器及视图

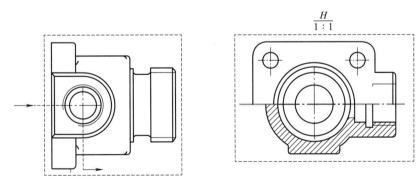

图 5-42 半剖视图

③右击半剖视图，在弹出的快捷菜单中选择"缩放/平移/旋转"→"旋转视图"命令，在打开的"旋转工程视图"文本框中输入旋转角度 90，单击"应用"按钮并关闭窗口，如图 5-43 所示。

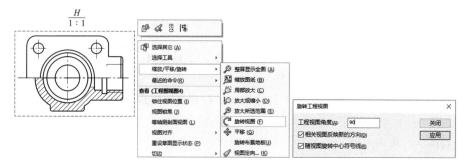

图 5-43 旋转半剖视图

④右击旋转后的半剖视图，在弹出的快捷菜单中选择"视图对齐"→"解除对齐关系"命令，如图 5-44 所示。解除对齐关系后的剖视图可自由移动。

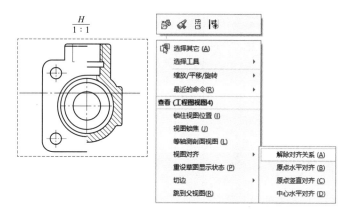

图 5-44 解除对齐关系

⑤拖动半剖视图至左视图位置。为确保其与主视图高平齐，右击移动后的半剖视图，在弹出的快捷菜单中选择"视图对齐"→"中心水平对齐"命令，如图 5-45 所示。然后单击主视图，实现主、左视图间的对齐关系，如图 5-46 所示。

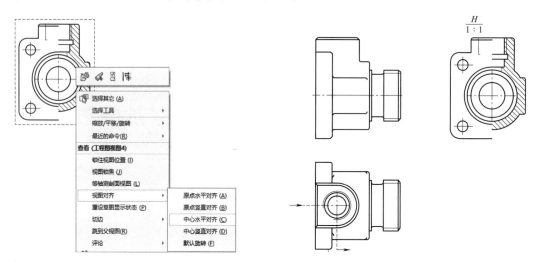

图 5-45 实现对齐关系　　　　　　　　图 5-46 半剖的左视图

5.4.3 局部剖视图

局部剖视图在已有的视图中生成，这一点与"剖面视图"不同。使用"断开的剖视图"创建，操作步骤如下：

①打开素材文件 5.4.3.slddrw，或在上节创建的图纸中继续操作，绘制螺纹孔的局部剖视图。

②单击工具栏中的"草图"→"样条曲线"按钮 N，在左侧视图中绘制如图 5-47 所示的封闭轮廓草图，然后退出样条曲线绘制。

注意：为了确保样条曲线范围能覆盖螺纹孔，可以先将该视图的显示样式更改为"隐藏线可见" ，绘制完样条曲线后再改回"消除隐藏线" 。

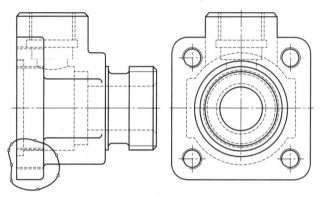

图 5-47 绘制封闭的草图

③选中已绘制的样条曲线，单击工具栏中的"工程图"→"断开的剖视图"按钮 ，打开"断开的剖视图"属性管理器，如图 5-48 所示。选中"预览"复选框，激活"深度"列表框，在左视图中选择螺纹孔"圆边线"做参考以确定剖切面的位置。

提示："剖切深度"也可以在编辑框中直接输入所需的深度数值。深度值以零件前表面为基准进行计算。

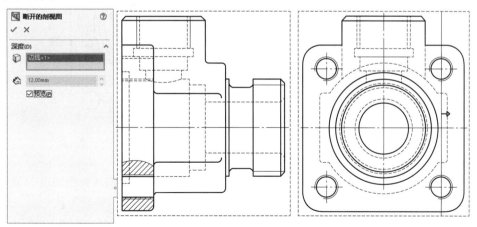

图 5-48 局部剖视的剖切位置

④单击属性栏中的"确定"按钮 完成局部剖视图，并在"工程图视图"属性框中单击"消除隐藏线" ，结果如图 5-49 所示。

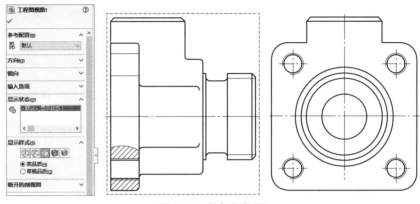

图 5-49　局部剖视图

注意：全剖视图和半剖视图均可以用"断开的剖视图"命令生成，其操作方法同 5.4.3 节局部剖视图。绘制全剖视图时，封闭的多义线线圈需要圈住整个视图；绘制半剖视图时，封闭的多义线线圈由绘制矩形替代，使矩形圈住半个视图即可。

5.4.4　阶梯剖视图

当零部件上有较多的内部结构形状，而它们的轴线不在同一平面内时，可用几个互相平行的剖切平面剖切，这种剖切方法称为阶梯剖。阶梯剖可以用"剖面视图"命令来生成，操作步骤如下：

①打开素材文件 5.4.4.slddrw，对中心阶梯孔和安装螺纹孔进行阶梯剖切，如图 5-50 所示。

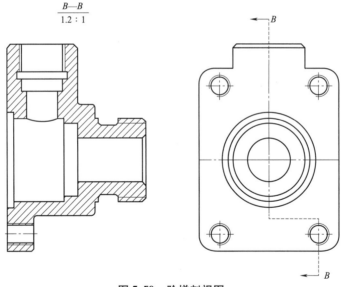

图 5-50　阶梯剖视图

②单击工具栏中的"工程图"→"剖面视图"按钮，打开"剖面视图辅助"属性管理器，选择"剖面视图"选项卡，因两个剖切面均为侧平面，故单击"竖直"按钮，在视图圆心处单击，确定第一个剖切面通过该圆心，然后在工具栏中单击单"偏移"按钮，如图 5-51 所示。依次单击剖切面转折线的起点和右下角螺纹孔圆心，以确定第二个剖切面偏移第一个剖切面的距离，单击"确定"按钮，剖视图预览跟随光标移动。

③移动鼠标至视图左方合适位置单击确定剖视图位置，阶梯剖视图见图 5-50。

5.4.5 旋转剖视图

当零部件的内部结构形状用一个剖切平面不能表达完全,且这个零部件在整体上又具有回转轴时,可用两个相交的剖切平面剖开,这种剖切方法称为旋转剖。旋转剖可以用"剖面视图"命令来生成,操作步骤如下:

①打开素材文件 5.4.5.slddrw,对图中各个孔采用旋转剖切进行展示,如图 5-52 所示。

②单击工具栏中的"工程图"→"剖面视图"按钮↕,出现"剖面视图辅助"属性管理器,选择"剖面视图"选项卡,因两个剖切面为相交的平面,故单击"对齐"按钮,在视图圆心处单击,确定两个剖切平面的交点,如图 5-53 所示,然后依次单击两个小圆的圆心,以确定两个剖切面的位置。单击"确定"按钮✓,剖视图预览跟随光标移动。

③移动鼠标至视图右方合适位置单击确定剖视图位置,旋转剖视图如图 5-52 所示。

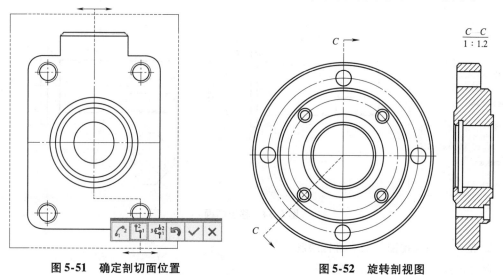

图 5-51　确定剖切面位置　　　　图 5-52　旋转剖视图

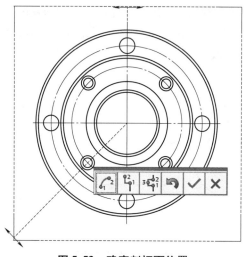

图 5-53　确定剖切面位置

5.5 断 面 图

断面图是用剖切平面把零部件的某处切断，仅画出断面的图形。
打开素材文件 5.5.slddrw，绘制零件左端切方结构的断面图。

1. 使用"移出断面"命令进行绘制

• 视 频
断面图

此时断面图配置在剖切线的延长线上，且无须标注。

单击工具栏中的"工程图"→"移出断面"按钮，出现"移除的剖面"属性管理器，在视图中单击圆柱面上下两条轮廓边线，确定断面的起始和终止深度。选择完成后所选边线出现在属性管理器中。移动鼠标，确定剖切位置，此时，移出断面的预览在剖切线的延长线上跟随光标移动，如图 5-54 所示。

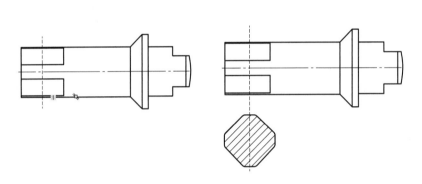

图 5-54　移出断面

2. 使用"剖面视图"命令进行绘制

此时按投影关系进行标注和放置。

单击工具栏中的"工程图"→"剖面视图"按钮，按图示选择剖切位置和方向，其剖视图如图 5-55（a）所示。单击剖视图，在属性管理器的"剖面视图"区选中"横截剖面"复选框后，只显示断面图形，剖切面之后的可见轮廓不再显示，如图 5-55（b）所示。断面图的位置可通过解除对齐关系进行更改。

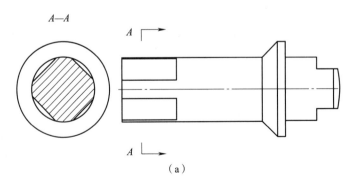

（a）

图 5-55　设置断面图

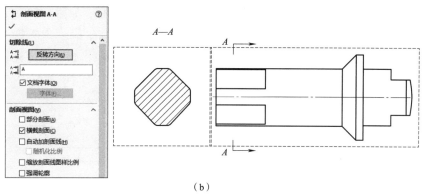

(b)

图 5-55 设置断面图（续）

5.6 使用草图工具绘制工程图

草图工具绘图

在某些情况下，可能需要使用草图工具来绘制一些图形以补充视图的表达。SOLIDWORKS 的草图工具完全可以像其他二维 CAD 软件那样绘制工程图，而不使用由模型投影的方法来产生工程图。

同二维 CAD 软件一样，SOLIDWORKS 也使用图层来设置图线的线宽和线型。

5.6.1 图层的使用方法

在 SOLIDWORKS 中，图层可以看作是一个透明的、厚度为零的平面，每个图层有自己的颜色、线型和线宽。可以将草图图线移动到图层中，这样草图图线的颜色、线型和线宽默认与图层参数的相同。图层可以打开或关闭，打开时，图层上的图线在图纸中显示，关闭时不显示（隐藏）。

1. 图层属性

图层工具栏默认没有显示，右击标准工具栏的任意位置，在弹出的快捷菜单中选择"工具栏"→"图层"命令，［见图 5-56（a）］，将图层工具栏显示出来（通常位于界面的左下方），如图 5-56（b）所示。根据需要可以将该工具栏拖动至需要的位置。

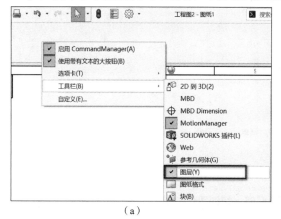

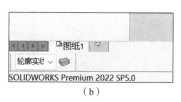

（a） （b）

图 5-56 显示图层工具栏

单击该工具栏中的"图层属性"按钮，打开"图层"对话框，如图 5-57 所示。可在此对话框中设置图层的各项参数，如名称、说明、开/关、是否打印、颜色、样式（即线型）、厚度（即线宽）。设置方法：在列表中选中某一行，然后单击这行中的某一列（如颜色）即可对其进行修改。

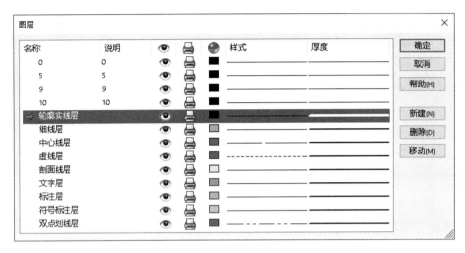

图 5-57　"图层"对话框

2. 图层使用方法

在图层操作时，其方法与大多数二维 CAD 软件的操作方法类似。

①在当前层上绘图：图层工具栏的下拉列表中显示的图层是当前层，如图 5-57 中的"轮廓实线层"，此时在图纸上绘制的图线均放置在此图层上，线的颜色、线型、线宽与图层的设置相同。

②切换当前层：单击图层工具栏的下拉列表（见图 5-58），选择某一图层，即可将此层设为当前层。

图 5-58　切换图层

③显示图线所在的图层：单击选中图纸上的某个元素（包括线条、注释、剖面线等），此

时图层工具栏的下拉列表中显示的图层即为此对象所在的图层。

④切换图线所在的图层：选中图纸中的元素，然后单击图层工具栏的下拉列表，选择某一图层，即可将选中的对象放置在此图层上。

5.6.2 在视图中绘制图线

在视图表达中，有部分线条在标准规范中需要表达，但在实际的三维投影视图中有时因为建模的原因不会自动添加，此时就需要根据相关规范添加这部分线条。具体操作步骤如下：

①打开素材文件5.6.2.slddrw，如图5-59所示。"阀体"零件的小圆柱体与大圆柱体按规定需要绘制相贯线表示，由于圆角原因，此处的相贯线是假想线，并不真实存在，所以零件模型在投影视图中没有显示出该相贯线，此时就需要补充绘制该线条以符合相关规范。

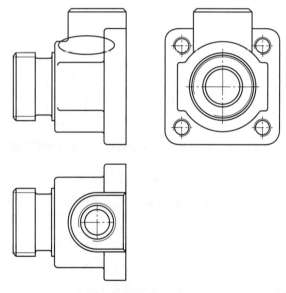

图 5-59 已有视图

②在图层工具栏中，将"细线层"层设置为当前图层，如图5-60所示。

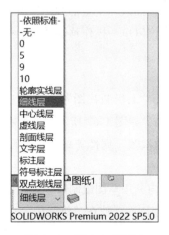

图 5-60 更改当前图层

③单击工具栏中的"草图"→"样条曲线"按钮 N，在主视图绘制如图 5-61 所示的样条曲线，然后退出样条曲线绘制。

注意：此处只给出绘制方法，并未按严格的投影关系进行相贯线绘制，练习时可参照相贯线规范进行绘制。

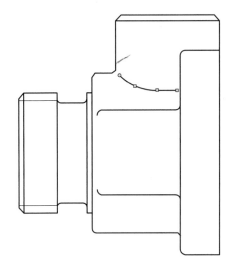

图 5-61　在视图中利用"样条曲线"命令绘制相贯线

在 SOLIDWORKS 中，工程图视图均按实际模型投影关系生成，不能完全符合国家标准，此时需要根据要求将多余的线条隐藏、缺失的线条补充，这也是二维工程图生成时比较费时的一项工作。

注意：在不引起歧义的前提下，可适当简化，以三维软件的投影视图为准，以减少工程图处理时间，将更多的时间用于产品设计而非出图中，具体可参考国家标准《GB/T 26099.4—2010 机械产品三维建模通用规则 第 4 部分：模型投影工程图》。

5.6.3　使用空白视图绘制图形

利用空白视图工具可以在图纸中插入一个空的视图，空白视图和其他视图一样，可以在其中绘制图形和注解，工程图视图允许以单一操作移动并按比例缩放视图中的所有项目。操作步骤如下：

①打开素材文件 5.6.3.slddrw。

②选择菜单栏中的"插入"→"工程图视图"→"空白视图"命令，或者在"工程图"工具栏中单击"空白视图"按钮，如图 5-62 所示，然后在图形区域合适位置单击放置空白视图，如图 5-63 所示，出现"空白视图"属性管理器，在管理器的"比例"栏选择"使用自定义比例"并将比例设为"4:1"。

③激活空白视图，在空白视图内利用草图绘制命令绘制如图 5-64 所示的图形：其中粗实线放置在"轮廓实线层"，样条曲线和剖面线放在"细线层"。

第 5 章 零件图绘制

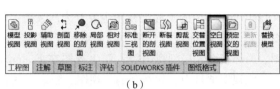

(a)   (b)

图 5-62 插入空白视图

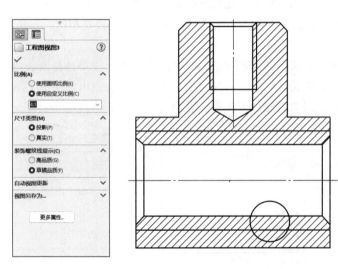

图 5-63 设置空白视图比例

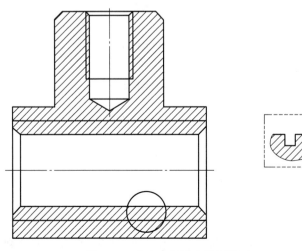

图 5-64 在空白视图内绘制图形

·视频

工程图视图编辑

5.7 工程图视图编辑

SOLIDWORKS 中虽然提供了多种视图的创建方法，但在实际使用时并不能完全满足需求，此时可以根据实际需求对已有视图进行适当的编辑修改。

5.7.1 视图的属性

SOLIDWORKS 中的工程图视图主要分为两大类：一类是原生视图；另一类是派生视图。原生视图在 FeatureManager 设计树中对应着一个名称，如标准三视图、模型视图、投影视图、辅助视图、局部视图、局剖视图等；派生视图在 FeatureManager 设计树中不会添加新名称，其信息附加在原视图项目中，如断开的剖视图、断裂视图、剪裁视图等。

1. 原生视图

对于原生视图，单击图形区域的视图，将出现此视图的属性管理器，在属性管理器中可以编辑修改工程图的显示样式、比例、视图标号等，方法与创建工程图时的设置相同。

2. 派生视图

对于派生视图在选择时则要选择到视图的关联对象，如"断裂视图"需要选择断裂的打断线，才可出现其属性管理器，也可以在设计树中找到其对应节点后右击在弹出的快捷菜单中选择"编辑定义"（见图 5-65）后进入对应的属性管理器。

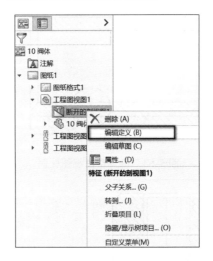

图 5-65　编辑定义

5.7.2 对称中心线与轴线

生成视图时，图形中的圆孔、圆角的中心线及圆柱体等的轴线、对称线等在 SOLIDWORKS 中并不能全部自动生成，此时就需要使用注解命令管理器中的"中心符号线"和"中心线"两个命令生成。

1. 对称中心线

①打开素材文件 5.7.2-1.slddrw，投影后没有自动添加中心线，如图 5-66 所示。

②单击工具栏中的"注解"→"中心符号线"按钮 ⊕，弹出中心符号线属性管理器，如

图 5-67 所示。在"手工插入选项"列表区,单击"单一中心符号线"按钮 ,然后在主视图中选择中间的圆,出现中心符号线,单击"确定"按钮完成中心线添加。

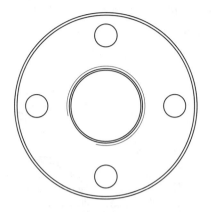

图 5-66 视图中无中心线

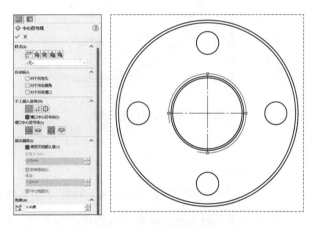

图 5-67 中心符号线属性管理器

③选择创建的中心符号线,选中符号线末端的端点符号并拖动鼠标,可调整中心符号线的长短,如图 5-68 所示。

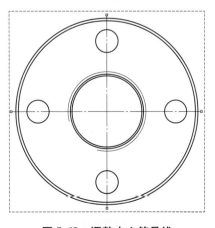

图 5-68 调整中心符号线

④对于本例中的零件，由于圆周上还有 4 个孔，也需要进行中心线的绘制，此时可以单击"注解"→"中心符号线"按钮进行一次性添加。首先单击"注解"→"中心符号线"按钮，打开中心符号线属性管理器，在"手工插入选项"列表区，单击"圆形中心符号线"按钮，然后在视图中按照箭头所指顺序依次用鼠标点选最外侧的圆、上方小圆和右侧小圆，单击"确定"按钮，即可自动生成如图 5-69 所示的圆周中心线。

 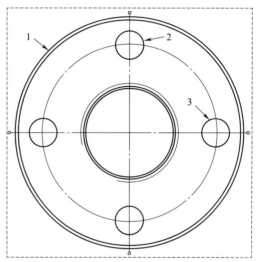

图 5-69　圆周中心符号线

2. 线性中心符号线

①打开素材文件 5.7.2-2.slddrw。

②单击工具栏中的"注解"→"中心符号线"按钮，打开"中心符号线"属性管理器，如图 5-70 所示。在"手工插入选项"列表区，单击"线性中心符号线"按钮，然后在左视图中依次选中 4 个小圆，出现线性中心符号线。

 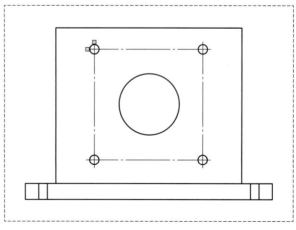

图 5-70　线性中心符号线

③单击"确定"按钮✔完成中心线添加,结果5-71所示。

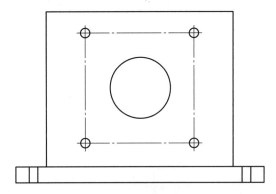

图 5-71 线性中心符号线

3. 槽口中心线

①打开素材文件 5.7.2-3.slddrw。

②单击工具栏中的"注解"→"中心符号线"按钮⊕,打开"中心符号线"属性管理器,如图 5-72 所示。在"手工插入选项"列表区,选中"槽口中心符号线"复选框,选中下方的"槽口端点"选项,然后在视图中选中槽口,出现槽口中心符号线。

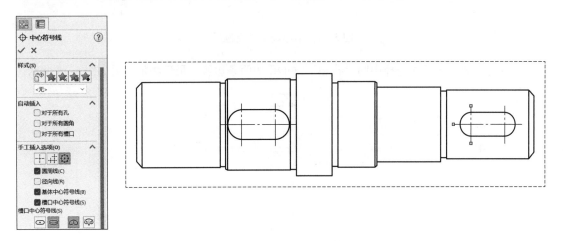

图 5-72 中心符号线属性管理器

③单击"确定"按钮✔完成槽口中心符号线的添加,结果5-73所示。

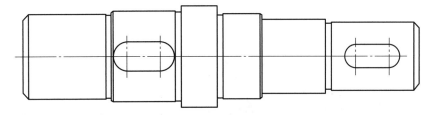

图 5-73 槽口中心线

4. 轴线与对称线

使用"中心线"命令可以生成圆柱体的轴线或对称面的对称线。

①打开素材文件 5.7.2-1. slddrw。

②单击工具栏中的"注解"→"中心线"按钮，打开"中心线"属性管理器，如图 5-74（a）所示。在主视图中依次选择孔的两条边线，出现这两条线的对称线，即孔的轴线，单击"确定"按钮 完成中心线的添加，如图 5-74（b）所示。

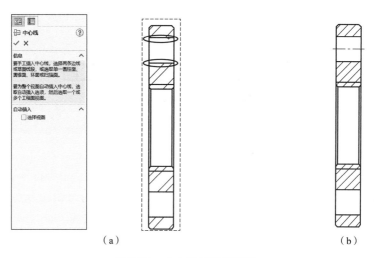

（a）　　　　　　　　（b）

图 5-74　中心线属性管理器

③重复步骤②，依次选择中间大孔和下方小孔的两条边线，最后添加结果如图 5-75 所示。

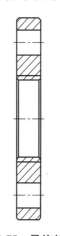

图 5-75　最终效果

5.8　工程图标注与技术要求

●视　频

托架尺寸标注

视图仅仅是表达了形状，为了准确表达设计，需要通过尺寸标注及附加信息对图形进行定义，SOLIDWORKS 中提供了多种标注的方法供选择。

5.8.1 尺寸标注

SOLIDWORKS 工程图中的尺寸标注是与模型相关联的，在模型中更改尺寸和在工程图中更改尺寸具有相同的效果。建立特征时标注的尺寸和由特征定义的尺寸（如拉伸特征的深度尺寸、阵列特征的间距等）可以直接插入到工程图中。在工程图中可以使用"智能尺寸"工具添加其他尺寸，但这些尺寸是参考尺寸，是从动的，就是说，在工程图中标注的尺寸是受模型驱动的。

工程图中的尺寸既可以由模型项目中导入，也可以标注从动尺寸。

1. 导入模型尺寸

在工程图中标注尺寸，一般先将创建零件特征时的尺寸插入各个工程视图中，然后通过编辑、添加尺寸，使标注的尺寸达到正确、完整、清晰和合理的要求。插入的模型尺寸属于驱动尺寸，能通过编辑参考尺寸的数值来更改模型。具体操作步骤如下：

①打开素材文件 5.8.1-1.slddrw。

②单击工具栏中的"注解"→"模型项目"按钮，打开"模型项目"属性管理器，如图 5-76（a）所示。在"来源/目标"栏中"来源"选择"整个模型"，选中"将项目输入到所有视图"复选框，在"尺寸"栏中选中"为工程图标注"，选中"消除重复"复选框，单击"确定"按钮，结果如图 5-76（b）所示。

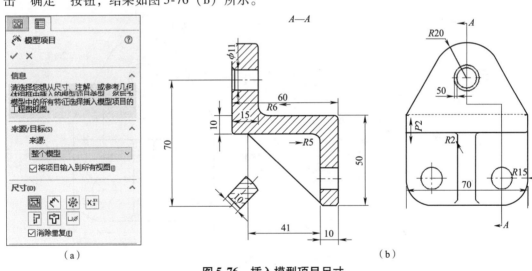

图 5-76　插入模型项目尺寸

③自动标注的尺寸其位置并不合理，可选中所有尺寸，在光标一侧出现调整图标，鼠标移至该图标上，打开如图 5-77（a）所示调整对话框，单击"自动排列尺寸"按钮，系统根据选项参数对尺寸进行重新排列，结果如图 5-77（b）所示。

④经过自动调整的标注尺寸已得到一定程度的改善，但还未能满足实际需求，此时就需要对已标注的尺寸重新手工布置调整。常用操作方法如下：

- 在工程视图中拖动尺寸文本，可以移动尺寸位置，调整到合适位置。
- 在拖动尺寸时按住 <Shift> 键，可将尺寸从一个视图移动到另一个视图中。
- 在拖动尺寸时按住 <Ctrl> 键，可将尺寸从一个视图复制到另一个视图中。
- 右击尺寸，在弹出的快捷菜单中选择"显示选项"→"显示成直径"命令等，更改显示方式。

- 选择需要删除的尺寸，按 <Del> 键即可删除指定尺寸。
- 对尺寸的引线、箭头、字体等需要调整时，可选择该尺寸，在弹出的"尺寸"属性栏中的相关选项卡中进行调整。

调整结果如图 5-78 所示。

（a）

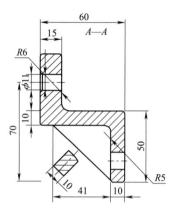

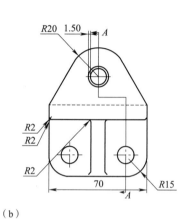
（b）

图 5-77　调整标注尺寸

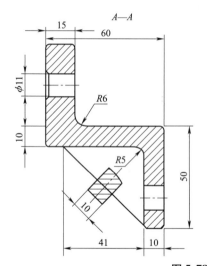

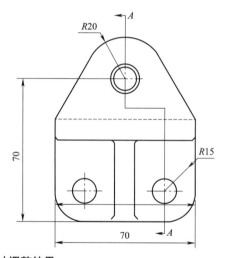

图 5-78　尺寸调整结果

注意：当需要对尺寸值进行修改时，可双击需要修改的尺寸，打开如图 5-79 所示"修改"对话框，在对话框中输入新的尺寸值进行修改，所修改的尺寸将同步反映到模型中。

图 5-79　尺寸修改

2. 标注从动尺寸

使用"模型项目"未覆盖到的而实际又需要标注的尺寸则需要手动进行标注，单击工具栏中的"注解"→"智能尺寸"按钮，其标注方法与模型中草图的标注方法相同。工程图中智能尺寸所标注的尺寸属于参考尺寸，并且是从动尺寸，不能通过编辑参考尺寸的数值来更改模型。当模型更改时，参考尺寸值也会更改。

标注的尺寸需要添加额外符号、文字时，单击该尺寸，出现"尺寸"属性管理器，如图 5-80 所示，在其中的"标注尺寸文字"框中，将光标放置在合适的位置，选择或输入所需的信息。

注意：工具栏中的"注解"→"智能尺寸"下拉列表中还包含了其他的标注功能，如"倒角尺寸"等，在标注特定尺寸时可以选用。

3. 半剖视图中的尺寸标注

由于半剖视图中的标注对象有时在视图中并不表达，为了标注所需的尺寸，需要将标注对象显示出来再标注，然后再将其隐藏。操作步骤如下：

①打开素材文件 5.8.1-2.slddrw。

②单击左视图，在"视图"属性管理器的"显示样式"列表中单击"显示隐藏线"按钮，视图中隐藏线以虚线显示，如图 5-81 所示。

③单击工具栏中的"注解"→"智能尺寸"按钮，选择一组对称的虚线与实线标注尺寸，如图 5-82 所示。

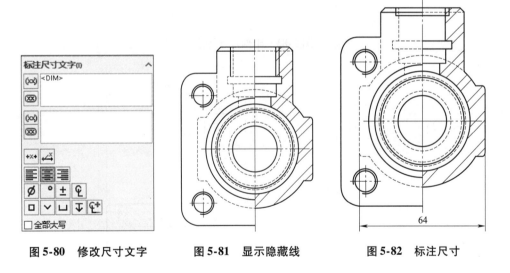

图 5-80　修改尺寸文字　　　图 5-81　显示隐藏线　　　图 5-82　标注尺寸

④右击尺寸的左界线，在弹出的快捷菜单中选择"隐藏延伸线"命令，在尺寸的左侧箭头处右击，在弹出的快捷菜单中选择"隐藏尺寸线"命令，完成半剖尺寸标注，如图 5-83（a）所示。再次单击该视图，在视图属性管理器的"显示样式"列表中选择"消除隐藏线"，结果如图 5-83（b）所示。

5.8.2　尺寸公差

尺寸标注中的公差与配合，可以在"尺寸"属性管理器的"公差/精度"栏的"公差类型"下拉列表中选择类型，设置不同类型的公差。

1. 上下偏差标注

上下偏差标注使用"双边"类型，通常用于标注非标准的上下偏差，需要手动输入公差值。操作步骤如下：

①打开素材文件 5.8.2-1.slddrw。

②单击主视图中的孔尺寸 $\phi 11$，打开"尺寸"属性管理器，在"公差/精度"栏的"公差类型"下拉列表中选择"双边"选项，在"最大变量"文本框内输入 0.043，在"最小变量"文本框内输入 0，如图 5-84 所示，单击"确定"按钮完成标注。

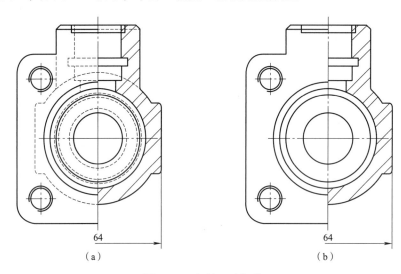

图 5-83 半剖尺寸标注

 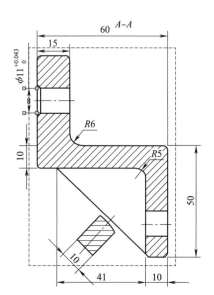

图 5-84 上下偏差标注

2. 对称公差标注

对称公差标注使用"对称"类型，操作步骤如下：

①继续使用素材文件 5.8.2-1.slddrw。

②单击左视图中的水平尺寸 40,出现尺寸属性管理器,在"公差/精度"列表区的"公差类型"下拉列表中选择"对称"选项,在"最大变量"文本框内输入 0.015,单击"确定"按钮完成标注,如图 5-85 所示。

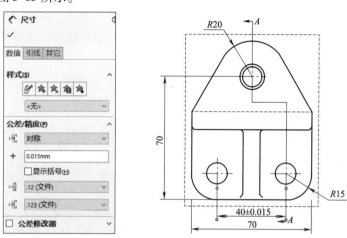

图 5-85 对称公差标注

5.8.3 标准公差标注

零件图中的标准公差标注有 3 种形式:标注公差带代号、标注上下偏差数值、公差带代号和上下偏差数值一起标注。

视频●

公差标注

1. 标注公差带代号

①继续使用素材文件 5.8.2-1.slddrw,修改公差标注。

②单击剖视图 A 中的尺寸 $\phi 11$,打开"尺寸"属性管理器,如图 5-86 所示。在"公差/精度"栏的"公差类型"下拉列表中选择"套合"选项,根据尺寸的类型选择"孔套合",在下拉列表中选公差代号及精度等级 H9,显示形式选择"线性显示" ,单击"确定"按钮完成公差带代号标注。

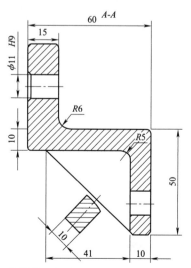

图 5-86 公差带代号标注

2. 标注上下偏差数值

①继续使用素材文件 5.8.2-1.slddrw，修改公差标注。

②单击剖视图 A 中的尺寸 φ11，打开"尺寸"属性管理器，如图 5-87 所示。在"公差/精度"栏的"公差类型"下拉列表中选择"套合（仅对公差）"选项，根据尺寸的类型选择"孔套合"，在下拉列表中选择公差代号及精度等级 H9，系统会自动按照国家标准规定的上下偏差进行标注，单击"确定"按钮完成上下偏差标注。

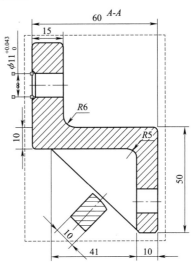

图 5-87　上下偏差数值自动标注

3. 公差带代号和上下偏差数值一起标注

①继续使用素材文件 5.8.2-1.slddrw，修改公差标注。

②单击剖视图 A 中的尺寸 φ11，出现"尺寸"属性管理器，如图 5-88 所示。在"公差/精度"栏的"公差类型"下拉列表中选择"与公差套合"选项，根据尺寸的类型选择"孔套合"下拉列表，在下拉列表中选择公差代号及精度等级 H9，显示形式选择"线性显示"，选中"显示括号"复选框，单击"确定"按钮完成偏差标注。

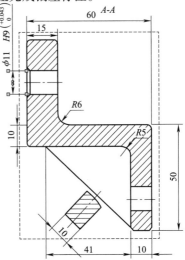

图 5-88　公差带代号和上下偏差数值一起标注

5.8.4 配合标注

配合是机器设计的重要内容，通常被视作一类重要尺寸进行标注。配合标注只注写偏差代号，不注写数值。

打开素材文件 5.8.4.slddrw，在装配图中单击需要标注公差配合的尺寸 φ30，打开"尺寸"属性管理器，如图 5-89 所示。在"公差/精度"栏的"公差类型"下拉列表中选择"套合"选项，分别在"孔套合"和"轴套合"下拉列表中选择公差代号及精度等级 H7 和 n6，显示形式选择"线性显示"H7/n6，单击"确定"按钮完成配合公差标注。

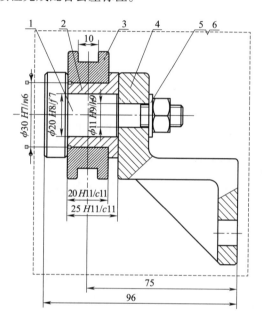

图 5-89 装配图中的公差配合标注

5.8.5 注释与文字标注

利用文本注释功能，可以在工程图中添加需要的文本，如添加工程图中的"技术要求"等内容。

1. 带指引线注释

①打开素材文件 5.8.5.slddrw。

②单击工具栏中的"注解"→"注释"按钮 A，打开"注释"属性管理器，如图 5-90 所示。在视图中需要注释的项目上单击，然后单击文字放置位置，输入注释文字，将箭头样式更改为实心箭头 ➡，单击"确定"按钮完成文字标注。

③当需要对文字的字体、字号、布局等进行编辑时，可双击文字，在出现的如图 5-91 所示的"格式化"工具栏中进行编辑调整。

2. 工程图中的技术要求

工程图中的文字形式的技术要求是不带指引线的注释，使用注释工具在图纸的空白处单击，然后输入技术要求文字即可，如图 5-92 所示。

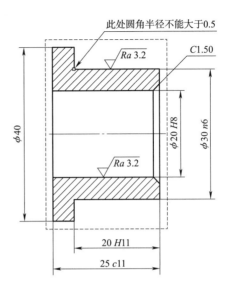

图 5-90 带指引线注释

图 5-91 "格式化编辑"工具栏

图 5-92 工程图技术要求

5.8.6 表面粗超度标注

表面粗糙度符号表示零件表面加工的粗糙程度。可以按 GB/T 131—2006 的要求设置零件表面粗糙度，包括基本符号、去除材料、不去除材料等。

1. 零件表面直接标注

①继续使用素材文件 5.8.5.slddrw。

②单击工具栏中的"注解"→"表面粗超度符号"按钮，打开"表面粗超度"属性管理器，如图 5-93 所示。在"符号"栏选择"要求切削加工"，设置标注符号类型，在"符号布局"中输入数值 Ra3.2，然后在视图中零件表面的边线上单击放置符号，进行直接标注。直接标注适合于标注零件的上表面、左侧表面。

2. 使用指引线标注

对于零件的下表面、右侧面，国家标准规定需要用指引线标注。指引线标注有两种方法：

①继续使用素材文件 5.8.5.slddrw，单击工具栏中的"注解"→"注释"按钮，打开"注释"属性管理器，如图 5-94 所示。在视图中需要注释的项目上单击，然后单击文字放置位

置，再单击"注释"属性管理器中"文字格式"栏中的"插入表面粗超度符号"按钮 √，将出现图 5-93 所示的"表面粗超度"属性管理器，设置好参数后，单击两次"确定"按钮完成标注。

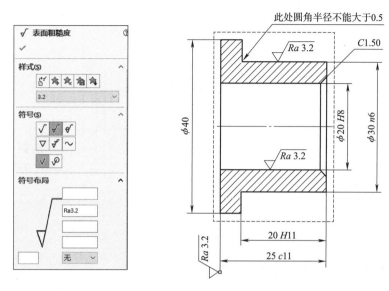

图 5-93 直接标注表面粗超度符号

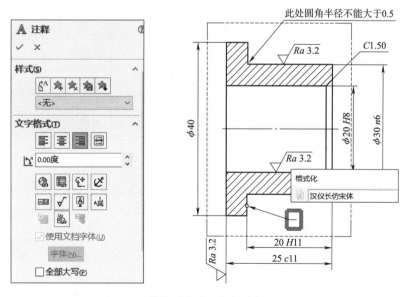

图 5-94 带指引线表面粗超度标注（一）

②继续使用素材文件 5.8.5.slddrw，单击工具栏中的"注解"→"表面粗超度符号"按钮 √，打开"表面粗糙度"属性管理器，如图 5-95 所示。在"符号"栏选择"要求切削加工" √，设置标注符号类型，在"符号布局"中输入数值 Ra3.2，在"引线"栏选择"引线" ✐，然后在视图中零件表面的边线上单击，再移动鼠标至合适位置完成标注。

注意：两种标注方法的结果在引线上有所差异，要区分清楚。

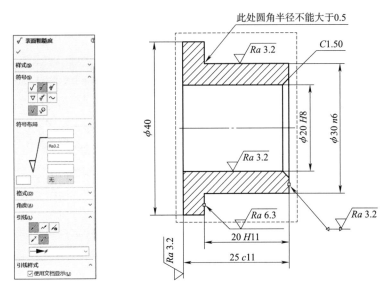

图 5-95 带指引线表面粗超度标注（二）

3. 标题栏附近"其余表面"的统一标注

标题栏附近"其余表面"的统一标注可以使用"注释"标注，标注时添加第一个粗糙度符号后单击"确定"按钮，然后输入左半括号，再次单击"注释"属性框中的"插入表面粗糙度符号"，完成后单击"确定"按钮，添加右半括号，结果如图 5-96 所示。

图 5-96 其余表面的统一标注

注意：当感觉括号与粗糙度大小不匹配时，可单独选择括号改变字体以调大括号尺寸。

5.8.7 基准与几何公差标注

标注几何公差之前，有些（如位置公差）需要先标注基准特征，再标注公差。

1. 基准特征标注

①继续使用素材文件 5.8.5.slddrw，调整上一个粗糙度标注的位置，为基准特征的标注留出空间。

②单击工具栏中的"注解"→"基准特征"按钮，打开"基准特征"属性管理器，如图 5-97 所示。在"引线"栏选择"无引线"、"实三角形"，然后在图形区单击 $\phi30\ n6$ 尺寸线，向下放置基准特征。

③单击"确定"按钮完成标注，结果 5-98 所示。

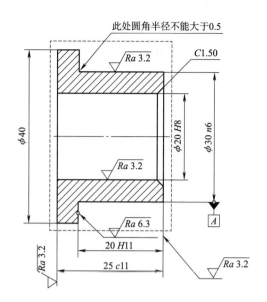

图 5-97　基准特征属性管理器

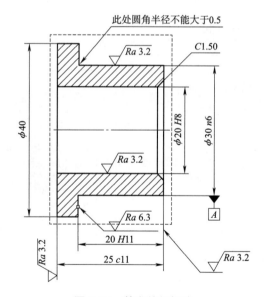

图 5-98　基准特征标注

2. 几何公差标注

①打开上面操作保存的文件。

②单击工具栏中的"注解"→"形位公差"按钮，打开"形位公差"属性管理器，如图 5-99（a）所示。在标注位置左端面轮廓线上单击，打开形位公差输入框，如图 5-99（b）所示。

③选择"垂直度"⊥符号，打开"公差"对话框，如图 5-100（a）所示。在编辑框中输入值 0.01，单击"添加基准"按钮，打开如图 5-100（b）所示对话框，输入基准特征符号 A。

图 5-99　形位公差属性

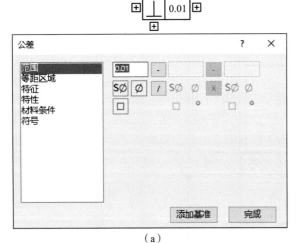
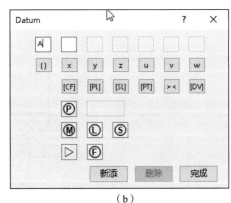

图 5-100　形位公差输入

④单击"完成"按钮，创建的几何公差如图 5-101（a）所示，在属性栏选择"引线"，将箭头样式更改为实心箭头，拖动形位公差箭头右侧方框点至理想位置，并使其水平放置，结果如图 5-101（b）所示。

需要修改几何公差时，可双击几何公差，变为如图 5-101（a）所示的编辑状态，可单击"+"可以添加项目，单击标注信息进行修改。

注意：国家标准从 2008 年开始将"形位公差"更改为"几何公差"，但 SOLIDWORKS 中没有做相应调整，使用时注意其对应关系。

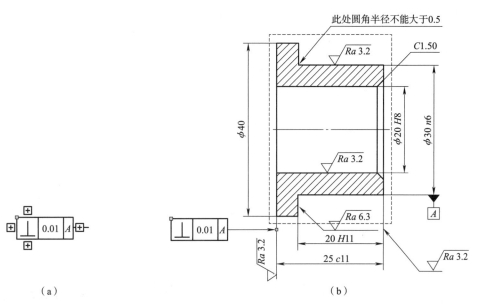

图 5-101　几何公差标注

5.8.8　剖面线的添加与编辑

生成剖视图时，剖面线是自动添加的，但有时需要手动添加、编辑，如手工绘制的图形中添加、装配图中相邻零件剖面线的调整等。SOLIDWORKS 中可以使用"注解命令"管理器中的"区域剖面线/填充"工具来完成。操作步骤如下：

①打开素材文件 5.8.8.slddrw。

②单击工具栏中的"注解"→"区域剖面线/填充"按钮，打开"区域剖面线/填充"属性管理器，如图 5-102 所示。在"属性"列表区设置剖面线的类型为"剖面线"、剖面线样式为 ANSI31、比例为 2，然后在图形区域单击添加剖面线的区域。

 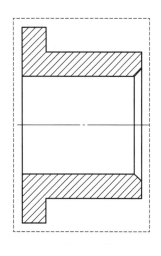

图 5-102　区域剖面线/填充

③单击"确定"按钮 ✓ 完成剖面线添加，结果 5-103 所示。

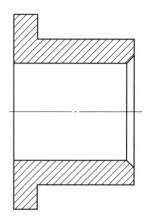

图 5-103 手动添加剖面线

当需要对已有剖面线进行编辑修改时，双击激活其所对应的视图，再单击剖面线，系统打开"区域剖面线/填充"属性管理器，根据需要更改相应参数即可。

5.8.9 模型属性关联

工程图中有时需要将模型属性中的信息作为注释写入工程图中，如标题栏信息、齿轮参数表等，此时可以通过链接进行关联。操作步骤如下：

①打开素材文件 5.8.9.slddrw。

②右击空白处，在弹出的快捷菜单中选择"编辑图纸格式"命令进入图纸格式状态，单击工具栏中的"注解"→"注释"按钮 A，打开"注释"属性管理器，单击"文字格式"中的"链接到属性"选项，打开如图 5-104 所示对话框，选中"此处发现的模型"单选按钮，在"属性名称"下拉列表中选择"公司名称"，此时下方的评估值为"北方工业大学"，该信息来源于模型中已有的属性值。

图 5-104 "链接到属性"对话框

③单击"确定"按钮完成属性链接,关闭注释属性栏,移动文字至合适位置,结果如图 5-105 所示。

						ZCuSn5Pb5Zn5			北方工业大学
						阶 段 标 记	质量	比例	
标记	处数	分区	更改文件号	签名	年 月 日				衬套
设计	张三		标准化				0.105 1	2∶1	
校核			工艺						HLZZ-02
主管设计			审核						
			批准			共1张 第1张	版本		替代

图 5-105 调整位置

④单击图纸环境右上角的图标,退出图纸编辑状态。非图纸格式下的链接操作方法相同。

5.9 零件图绘制实例

5.9.1 工程图绘制的一般步骤

绘制工程图的一般步骤和顺序如下:
①新建文件:新建工程图,根据要表达的零部件选定相应的比例、图纸幅面,选定工程图模板。
②分析零部件:确定零部件结构的表达方案,生成各个主视图(如模型视图、投影视图、剖视图等)。
③添加辅助线:添加中心线、中心符号线等。
④插入尺寸:插入外形尺寸、配合尺寸等必要的尺寸。
⑤添加信息:添加零件表面粗糙度、几何公差等信息,插入装配图的材料明细表、零件序号等信息。
⑥添加附加信息:添加需要的注解信息,添加技术要求、参数表等。
⑦检查:检查视图表达是否清晰,尺寸标注是否有疏漏、重复,符号是否正确齐全等。
⑧完善标题栏:完善标题栏信息。
⑨保存:完成工程图,注意随时存盘。

5.9.2 轴类零件图

绘制如图 5-106 所示轴零件的工程图。
操作步骤如下:
①打开素材模型 5.9.2.SLDPRT。

视 频
轴视图

②新建工程图文件，选择 gb-a3 工程图模板，选择上视图作为主视图，比例选择 2:1，结果如图 5-107 所示。

注意：为使截图最大化方便查看，此处截图省略了图框部分。

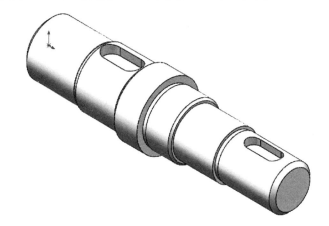

图 5-106　示例零件

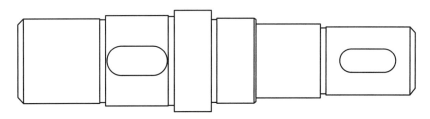

图 5-107　创建基本视图

③使用"剖面视图"创建两个断面图，结果如图 5-108 所示。

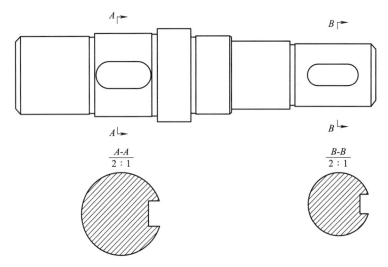

图 5-108　创建断面图

④使用"局部视图"创建退刀槽部分的局部放大图，结果如图 5-109 所示。

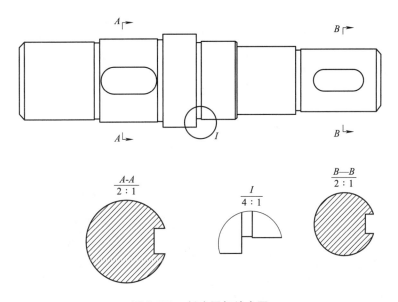

图 5-109　创建局部放大图

⑤使用"中心符号线""中心线"工具添加圆柱面、槽口等的对称中心线、孔的轴线等，并调整中心线、轴线的长短，结果如图 5-110 所示。

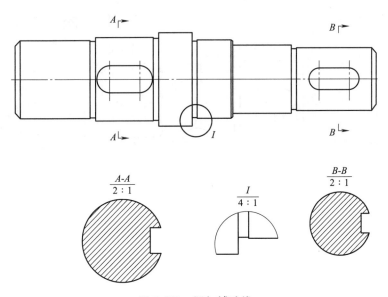

图 5-110　添加辅助线

⑥标注基本尺寸，结果如图 5-111 所示，标注时注意偏差值的添加及倒角的标注方法。

注意：标注尺寸与已有元素有交叉重叠时，需要对线条进行分割调整，以使线条不穿过尺寸标注。

⑦标注粗糙度、基准与几何公差，结果如图 5-112 所示。

视 频

轴表面粗糙度

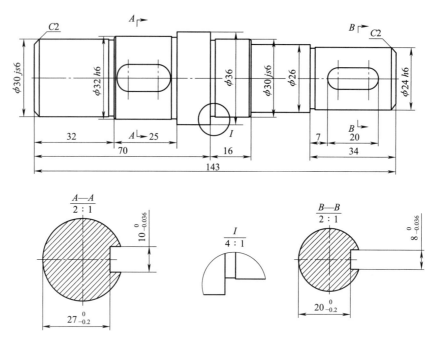

图 5-111　标注基本尺寸

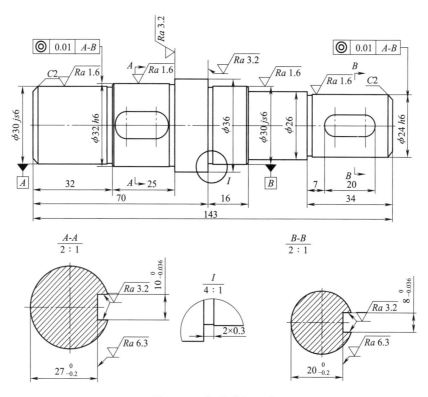

图 5-112　标注附加尺寸

注意：粗糙度的指示箭头需要指向多个目标对象时，可按住 < Ctrl > 键，鼠标左键拖动已有的箭头至目标对象松开即可。

⑧添加技术要求、其余表面要求，完善标题栏信息，结果如图 5-113 所示。

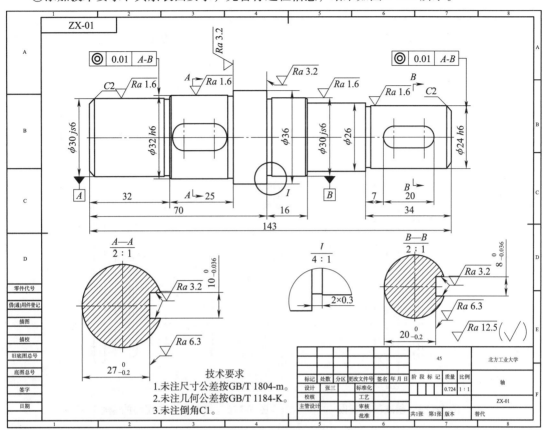

图 5-113 完善其余信息

⑨保存工程图。由于工程图中的视图来源于模型，当打开工程图时无法查找到对应模型时系统将会报错，因此在与外界沟通时，复制工程图时需要同时复制其对应的模型文件，也可使用 Pack and Go 进行打包保存。

5.9.3 盘盖类零件图

绘制如图 5-114 所示输入轴透盖零件的工程图。

盘盖

图 5-114 输入轴透盖零件

操作步骤如下：

①打开素材模型 5.9.3.SLDPRT。

②新建工程图文件，选择 gb-a4p 工程图模板，选择前视图作为主视图，比例选择 2:1，结果如图 5-115 所示。

③使用"草图"中"矩形"命令绘制矩形，将主视图全部包含在内，如图 5-116 所示。

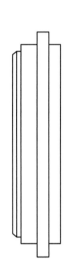
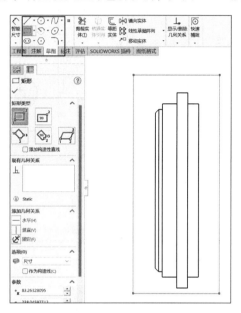

图 5-115　创建基本视图　　　　图 5-116　绘制包含主视图的矩形边框

④使用"工程图"中的"断开的剖视图"创建主视图的全剖视图，在确定剖切面的位置时，注意选择箭头所指边线，如图 5-117 所示。

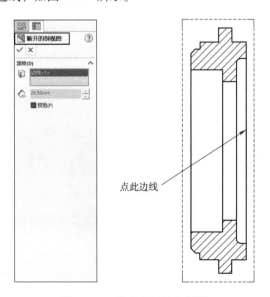

图 5-117　创建全剖的主视图

⑤使用"注解"中的"中心线"工具添加圆柱面对称中心线,并通过鼠标拖动中心线两个端点来调整中心线到合适的长度,结果如图 5-118 所示。

⑥标注基本尺寸,结果如图 5-119 所示,标注时注意偏差值的添加方法。

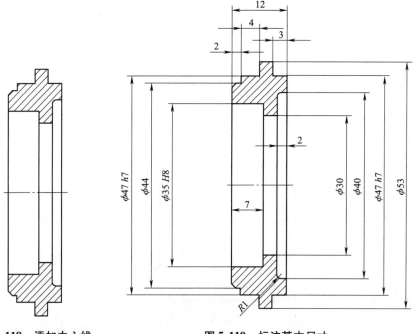

图 5-118　添加中心线　　　　图 5-119　标注基本尺寸

⑦标注粗糙度、基准与几何公差,结果如图 5-120 所示。

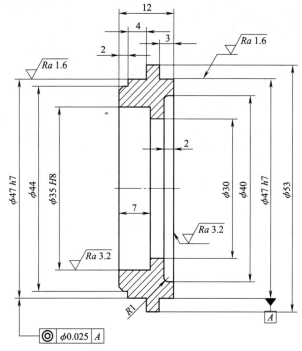

图 5-120　标注附加尺寸

⑧添加技术要求、其余表面要求，完善标题栏信息，结果如图 5-121 所示。

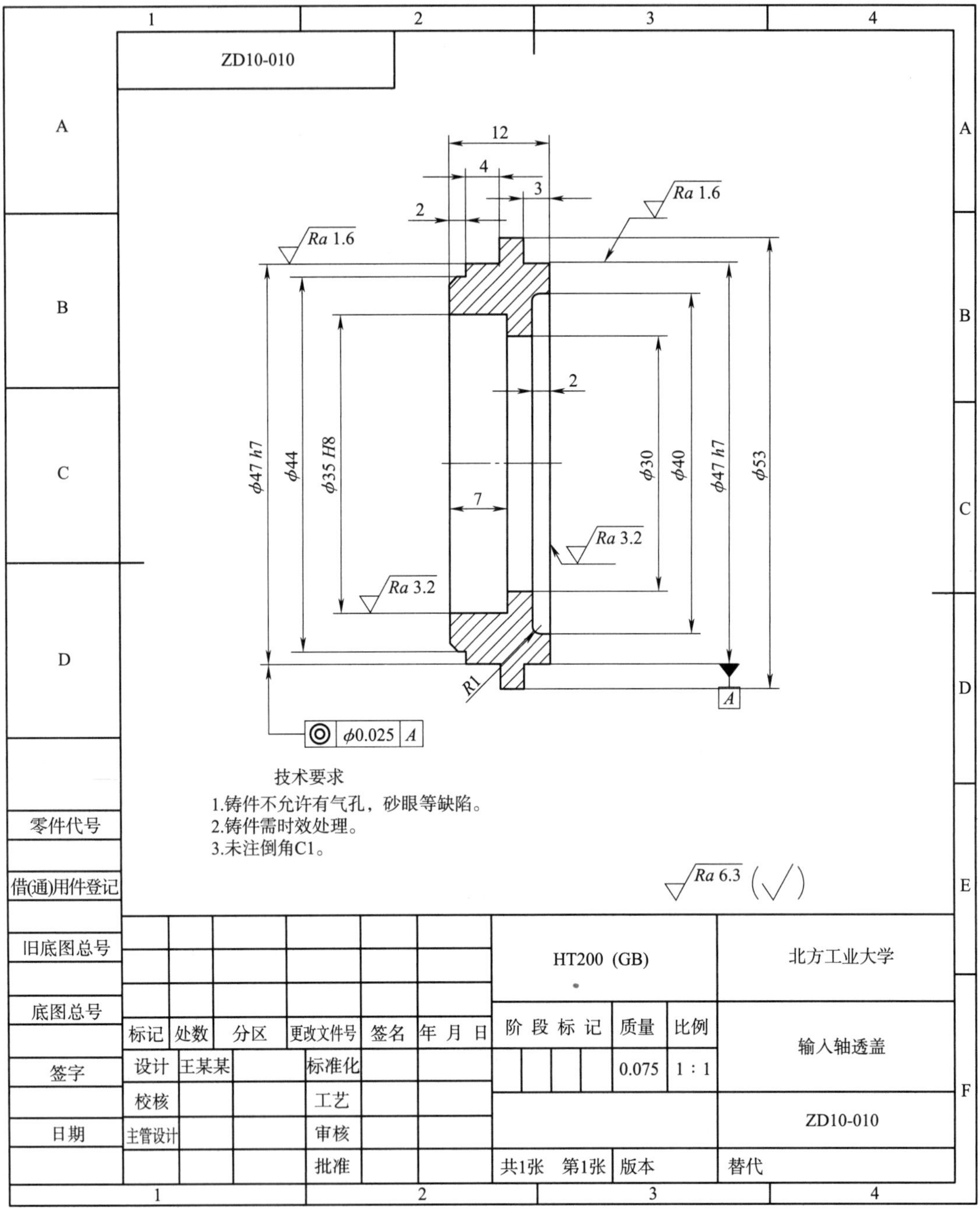

图 5-121 完善其余信息

⑨保存工程图。这里同前面相同，需注意在与外界沟通时，复制工程图时要同时复制其对应的模型文件，也可使用 Pack and Go 进行打包保存。

5.9.4 箱体类零件图

绘制如图 5-122 所示减速器上箱盖零件的工程图。

图 5-122　减速器上箱盖零件

操作步骤如下：

①打开素材模型 5.9.4.SLDPRT。

②新建工程图文件，选择 gb-a2 工程图模板，选择前视图作为主视图，比例选择 1∶1，结果如图 5-123 所示。

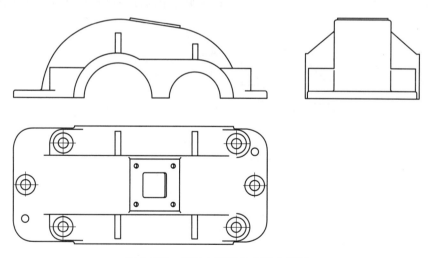

图 5-123　创建上箱盖 3 个基本视图

③使用"断开的剖视图"依次创建主视图和左视图中的局部剖视图。创建局部剖视图时，注意使用"草图"中的"样条曲线"命令绘制包含需要剖切部分的完整封闭曲线，必要时在左侧属性管理器中将视图"显示样式"修改为"隐藏线可见"，如图 5-124 所示。

创建完成后，将视图"显示样式"修改回"消除隐藏线"，即可得到对应的局部剖视图，如图 5-125 所示。

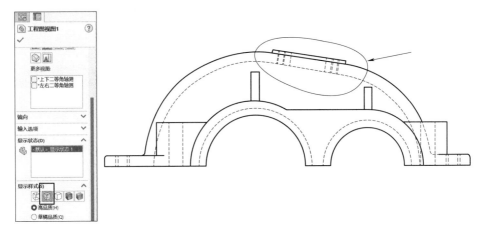

图 5-124　创建局部剖视图

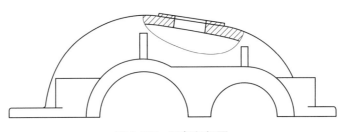

图 5-125　局部剖视图

按照相同的方法，分别完成对主视图和左视图中各个局部剖视图的绘制，结果如图 5-126 和图 5-127 所示。

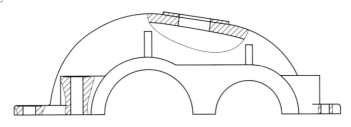

图 5-126　主视图绘制完成

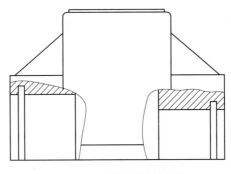

图 5-127　左视图绘制完成

④使用"辅助视图"和"剪裁视图"创建上箱盖顶部窥视孔的局部视图。首先激活"辅

助视图"命令，点选主视图中凸台上表面轮廓线，拖动鼠标放置在绘图区域，可以超出图纸幅面，得到斜视图 A，如图 5-128 所示。

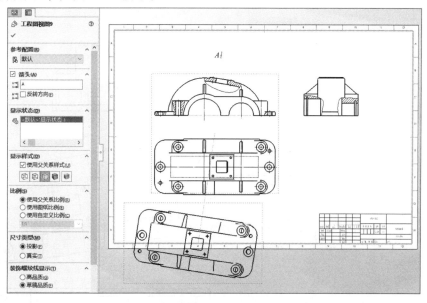

图 5-128　生成斜视图 A

右击斜视图 A，在弹出的快捷菜单中选择"解除对齐关系"命令，并将斜视图 A 拖动至图纸空白区域，如图 5-129 和图 5-130 所示。

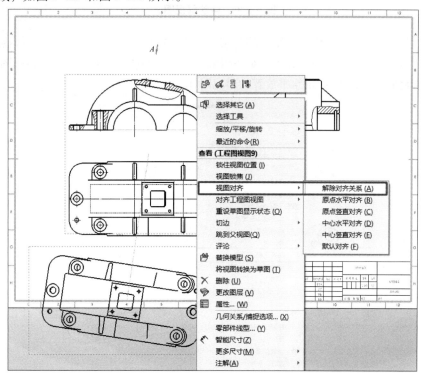

图 5-129　解除视图的对齐关系

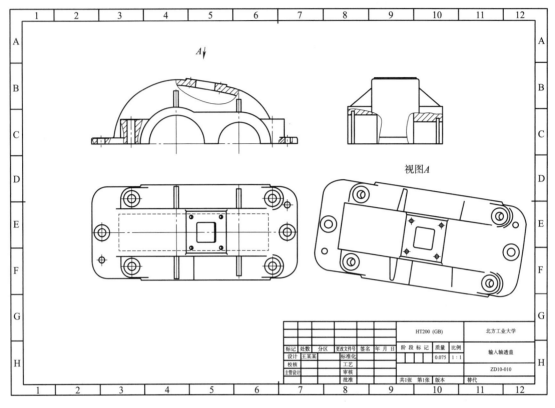

图 5-130 移动斜视图 A

此时，斜视图仍然超出图纸幅面，暂且不用处理。右击斜视图 A，在弹出的快捷菜单中选择"对齐工程图视图"→"逆时针水平对齐图纸"命令，如图 5-131 所示。将斜视图 A 旋转至水平位置，得到如图 5-132 所示水平放置的斜视图 A。

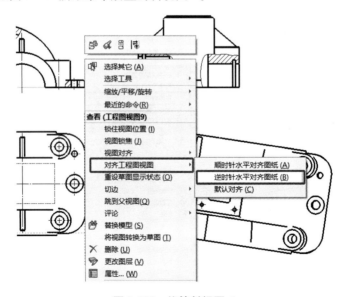

图 5-131 旋转斜视图 A

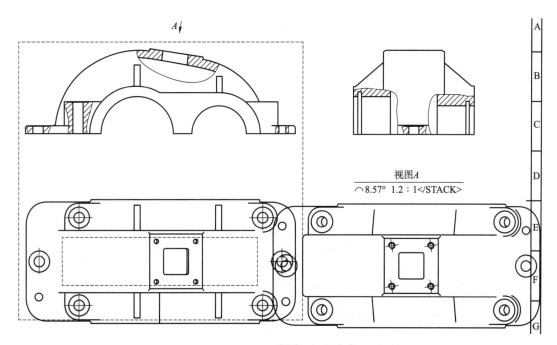

图 5-132 斜视图 A 水平放置

利用"草图"→"直线"命令，绘制任意四边形，将中间窥视孔完全包含在内，如图5-133 所示。

在保持四条直线选中状态下，单击"剪裁视图"按钮，即可将斜视图 A 剪裁修改为如图 5-134 所示的局部视图。

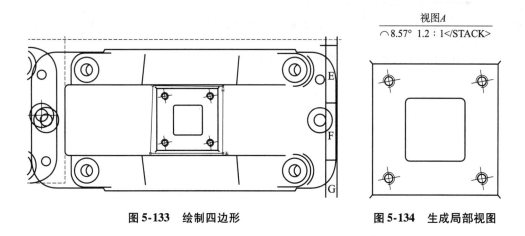

图 5-133 绘制四边形　　　　图 5-134 生成局部视图

最后根据视图绘制规范，依次编辑修改视图名称、添加中心线、隐藏四角的多余边线等，使其符合工程制图标准，如图 5-135 所示。

⑤使用"中心符号线""中心线"工具添加圆孔、对称位置等的孔的轴线、对称中心线等，并调整中心线、轴线的长短，结果如图 5-136 所示。

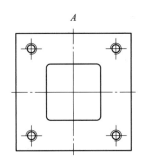

图 5-135 编辑修改局部视图

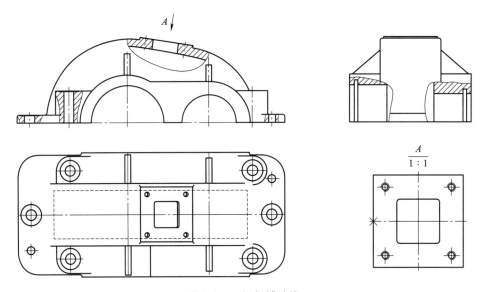

图 5-136 添加辅助线

⑥各视图标注基本尺寸,结果如图 5-137(a)~(d)所示。

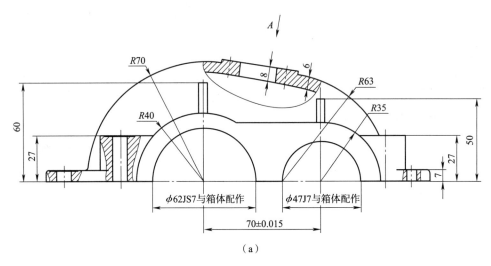

(a)

图 5-137 标注基本尺寸

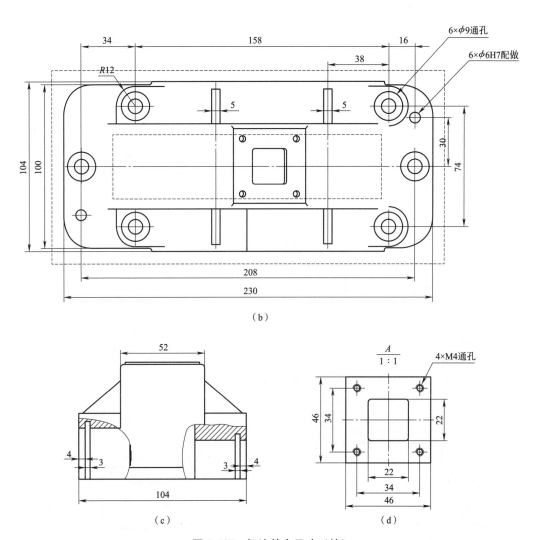

图 5-137 标注基本尺寸（续）

⑦各视图标注粗糙度，结果如图 5-138（a）~（d）所示。

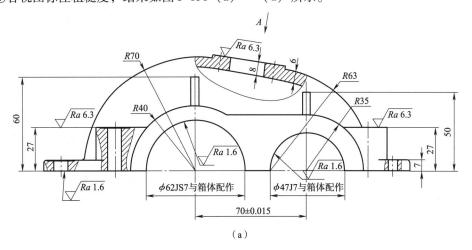

图 5-138 标注粗糙度

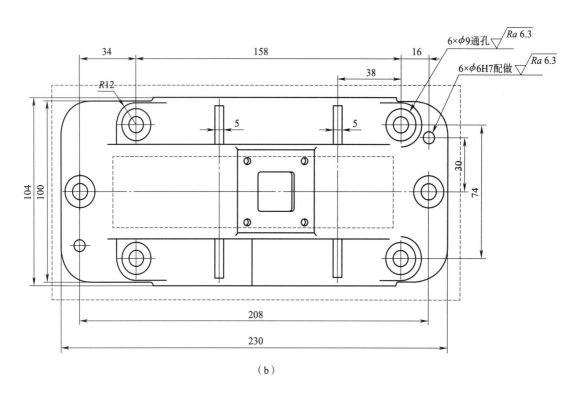

（b）

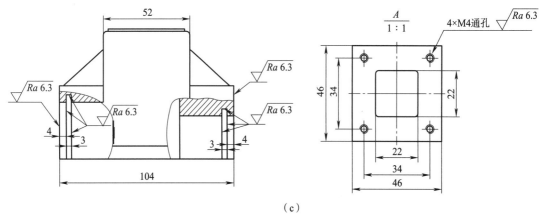

（c）

图 5-138 标注粗糙度（续）

⑧添加技术要求、其余表面要求，完善标题栏信息，结果如图 5-139 所示。

⑨保存工程图，或使用 Pack and Go 进行打包保存。

通过本章的实例练习，可以掌握工程图绘制的基本流程和典型零件出图的思路，达到熟练使用和操作 SOLIDWORKS 中绘图工具的目的。另外，工程图是非常重要的设计沟通交流依据，在创建工程图时要遵守相关的国家标准和制图规范性要求，确保工程图表达准确，不产生歧义。

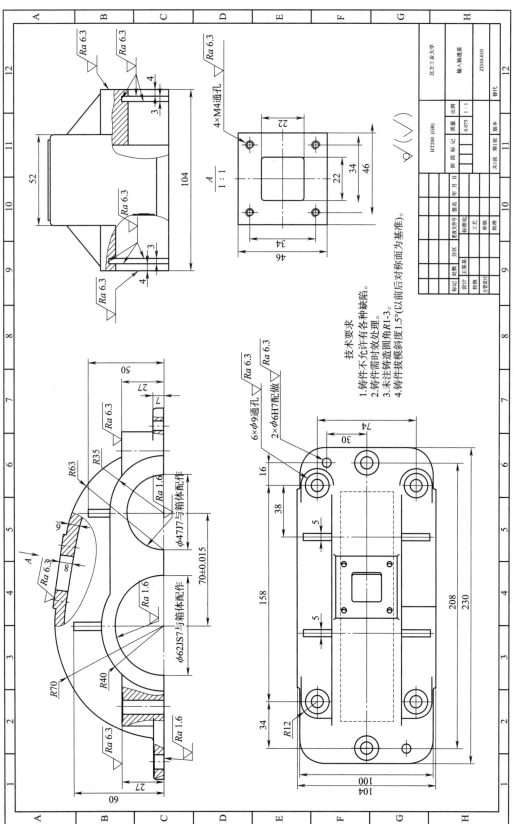

图 5-139 完善其余信息

练习题

一、简答题

1. 工程图中主要包含哪些内容？
2. 模型中的属性信息如何带入工程图中？

二、操作题

1. 调用素材文件"底座"，创建该零件的工程图，如图 5-140 所示。
2. 调用素材文件"轴"，创建该零件的工程图，如图 5-141 所示。
3. 调用素材文件"钻模板"，创建该零件的工程图，如图 5-142 所示。

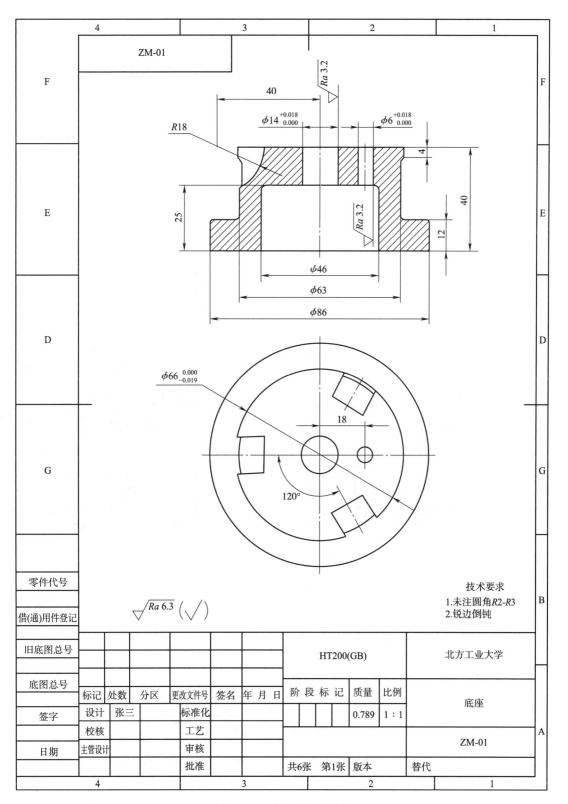

图 5-140 "底座"零件图

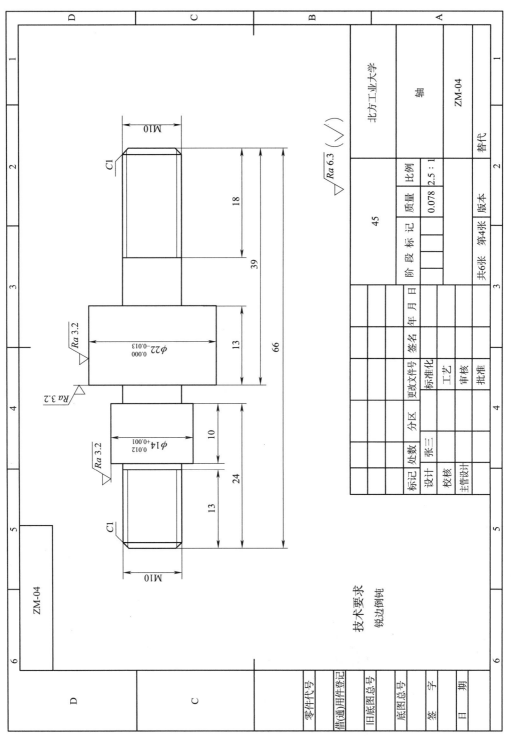

图 5-141 "轴"零件图

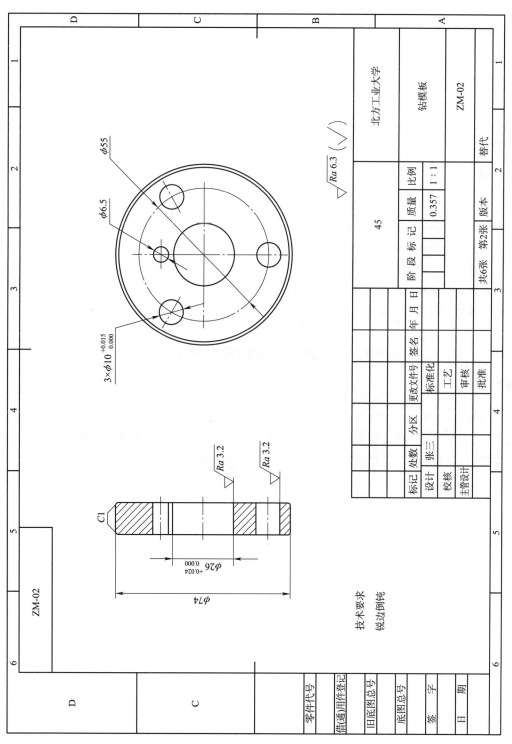

图 5-142 "钻模板" 零件图

第6章 装配图绘制

装配图是表达机器或部件的图样。在 SOLIDWORKS 中，装配体信息可以由装配体模型直接投影，产生多种投影视图进行表达，也可以采用爆炸视图，以轴测图的方式进行展示。

学习目标

- 熟悉绘制装配图的基本方法。
- 掌握装配图中零件的不剖方法。
- 掌握装配图中不同零件剖面线的修改方法。
- 掌握装配图中螺纹线的创建方法。
- 掌握装配图中材料明细表的处理方法。
- 掌握装配图中零件序号的创建方法。

6.1 装配图视图的创建

创建装配图

装配图视图的表达重点是要表达清楚机器部件的工作原理和各零件之间的主要装配连接关系，第5章介绍的各种视图表达方法在装配图表达中均可使用。

本章创建低速滑轮装置的装配图。如图 6-1 所示，主视图采用两个局部剖切表达内部结构及安装孔。读者也可使用阶梯剖切来表达主视图。

6.1.1 装配图创建

装配图与零件图均从基本视图开始创建，操作步骤如下：

①打开素材模型文件"低速滑轮装置.SLDASM"，单击标准工具栏中的"新建"→"由零件/装配体制作工程图"按钮 ，在打开的模板选择对话框中选择 gb-a3 模板，单击"确定"按钮，进入工程图环境，如图 6-2 所示。

②从任务窗格将"前视"视图拖至当前工程图中，并利用"投影视图"生成左视图，如图 6-3 所示。单击"确定"或按 <Esc> 键结束投影。

③如果视图的整体比例相对于图幅而言偏大或偏小，可在图纸的属性中进行调整，选择 1:1，或者选择视图后在视图的属性栏中的"比例"栏选中"使用自定义比例"单选按钮，然后在下拉列表中选择"1:1"，如图 6-4 所示。

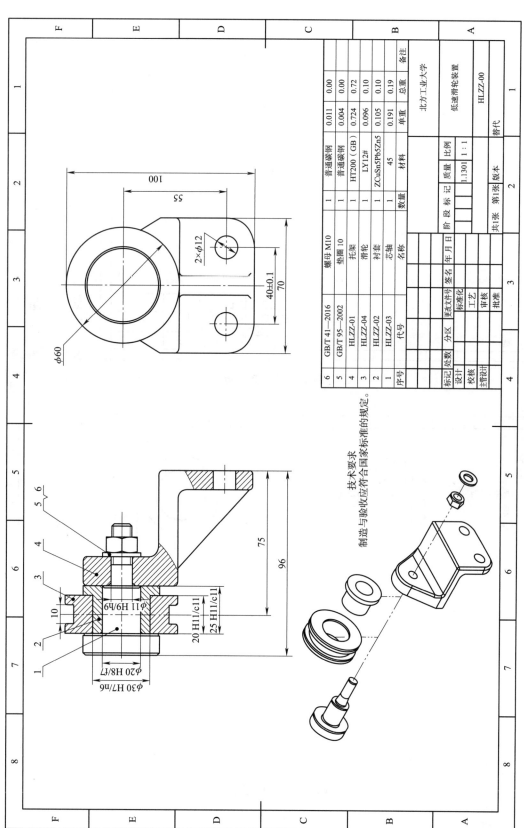

图 6-1 低速滑轮装置装配图

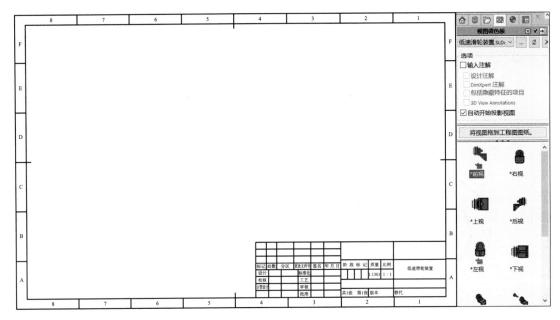

图 6-2 工程图环境

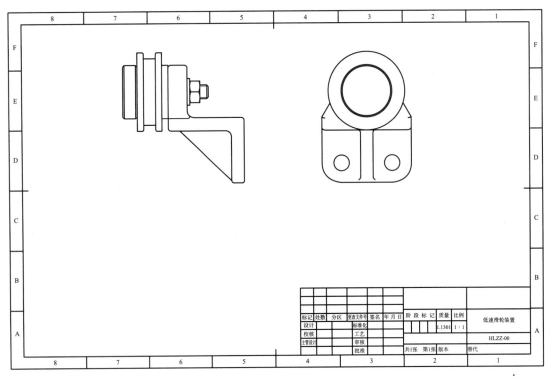

图 6-3 创建基本视图

6.1.2 视图剖切及螺纹显示

装配图表达与零件图的不同之处在于，装配图中存在多个零件，其中的实心杆件、螺纹连接件（SOLIDWORKS 中称为扣件）在视图中按不剖处理。装配图的剖视图中不剖的零件，可在生成剖视图时处理，也可以通过编辑剖视图属性来处理。操作步骤如下：

①对 6.1.1 节已创建的主视图进行局部剖切，表达滑轮装置内部结构。单击工具栏中的"工程图"→"断开的剖视图"按钮 ，绘制封闭的样条曲线进行第一次局部剖切，注意曲线不与托架筋板的轮廓线相交，如图 6-5 所示。随后打开如图 6-6 所示的"剖面视图"对话框，此时"样条曲线"属性管理器并未关闭，需要在对话框外任意处单击，关闭该对话框。

②在"剖面视图"对话框中选中"自动打剖面线"和"不包括扣件"两个复选框，然后在设计树或主视图中选择"芯轴""垫圈""螺母"等零件，这些零件将被显示在"不包括零部件/筋特征"列表中，单击"确定"按钮。

图 6-4 调整绘图比例

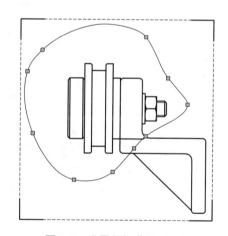

图 6-5 设置剖切范围（一）

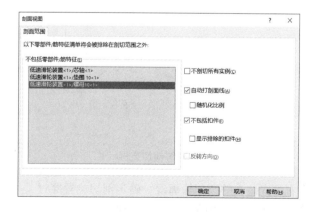

图 6-6 设置剖面范围

③在左视图中单击芯轴或滑轮的圆形轮廓线,确定剖切位置穿过其中心,局部剖切视图的预览如图 6-7 所示,单击属性管理器中的"确定"按钮。

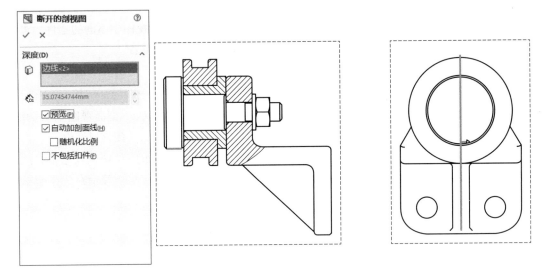

图 6-7 局部剖切结果(一)

④单击主视图,在其属性管理器中选择"隐藏线可见",显示安装孔的轮廓。单击工具栏中的"工程图"→"断开的剖视图"按钮,绘制封闭的样条曲线包围该轮廓,进行第二次局部剖切,如图 6-8 所示。在打开的"剖面视图"对话框中直接单击"确定"按钮。在"样条曲线"属性管理器外任意处单击,关闭该对话框。

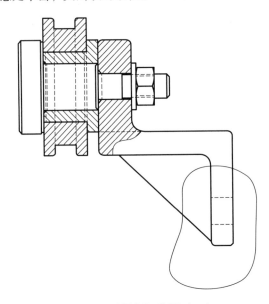

图 6-8 设置剖切范围(二)

⑤在左视图中单击右侧安装孔的圆形轮廓线,确定剖切位置穿过其中心,局部剖切视图的预览如图 6-9 所示,单击属性管理器中的"确定"按钮。

 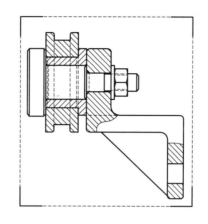 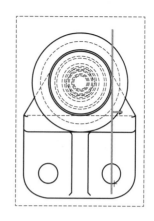

图 6-9　局部剖切结果（二）

⑥单击主视图，在其属性管理器中将显示方式更改为"消除隐藏线"，结果如图 6-10 所示。

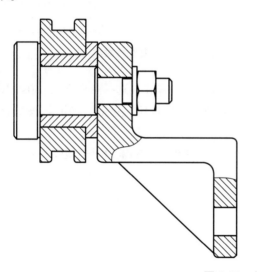 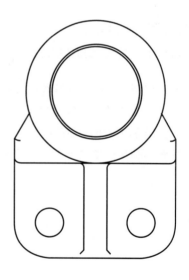

图 6-10　剖切结果

默认情况下，装配图的装饰螺纹线是不显示的，需要使用"注解"→"模型项目"进行导入。

⑦单击工具栏中的"注解"→"模型项目"按钮 ，打开"模型项目"属性管理器，如图 6-11 所示。在"来源/目标"栏的下拉列表中选择"整个模型"，选中"将项目输入到所有视图"复选框，取消"尺寸"栏中的所有选项，选中"注解"栏中的"装饰螺纹线" 选项。

⑧单击"确定"按钮✔完成螺纹线添加,结果如图 6-12 所示。

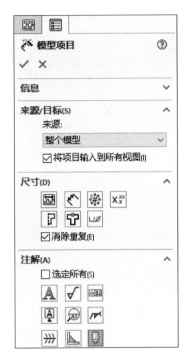
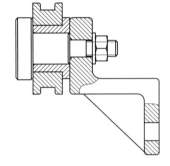
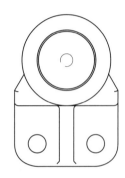

图 6-11　模型项目属性管理器　　　　图 6-12　插入装饰螺纹线

⑨从视图上可以看到螺纹线没有正确的消隐,需要进一步操作。选择两个视图,在视图属性管理器中的"装饰螺纹线显示"列表区中选中"高品质"单按钮,单击"确定"按钮✔完成消隐,结果如图 6-13 所示。

注意:如果还没有变化,可单击标准工具栏中"重建模型"按钮 以更新视图,即可正确显示。

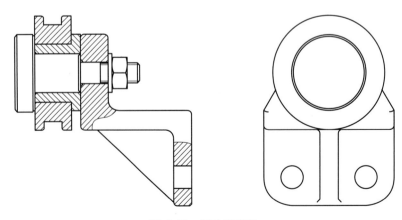

图 6-13　螺纹线消隐

⑩单击工具栏中的"注解"→"中心线"按钮 及"中心符号线"按钮 ,为视图添加中心线和中心符号线,完善装配图,如图 6-14 所示。

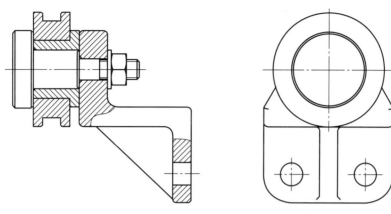

图 6-14 完善装配图

6.1.3 尺寸标注

完成装配图各视图的绘制后,需要进行必要的尺寸标注,如图 6-15 所示。装配图中的尺寸包括性能尺寸、配合尺寸、安装尺寸、总体尺寸和其他必要尺寸。需要分析后依次标注,避免遗漏。标注方法同 5.8 节,这里不再赘述。

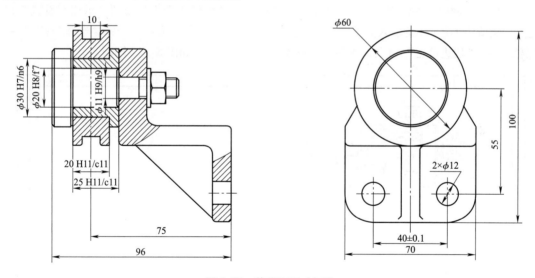

图 6-15 装配图尺寸标注

6.1.4 爆炸视图表达

为方便理解装配体结构,直观表达零件间的装配关系,可以在装配图中以爆炸视图的方式展示装配体(见图 6-1)。其操作步骤如下:

①单击工具栏中的"工程图"→"投影视图"按钮 ,单击主视图,鼠标向右上角移动,创建轴测图,如图 6-16 所示。

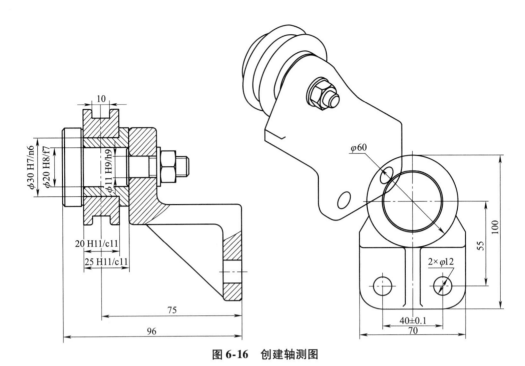

图 6-16 创建轴测图

②单击轴测图，移动视图至左下方合适位置，在其属性管理器中将视图显示比例设置为自定义，比值为1:2（注意输入数字时使用英文输入模式），单击"确定"按钮。选择"视图"→"显示"→"切边可见"命令，将零件的圆角边线显示出来，如图6-17所示。

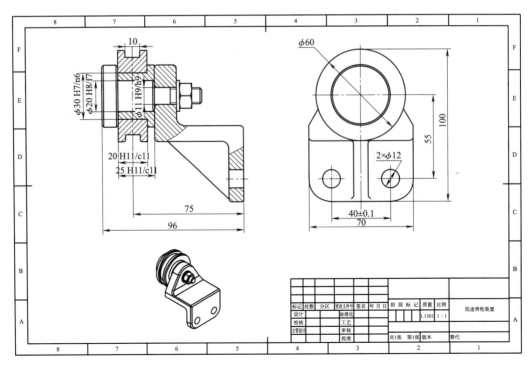

图 6-17 调整轴测图

③单击轴测图,打开如图 6-18 所示的属性栏,选中"在爆炸或模型断开状态下显示"复选框,如果有多个爆炸图,可以在下方的列表中选择当前所需的爆炸,单击"确定"按钮完成爆炸图的创建。

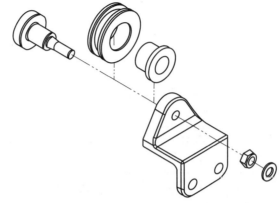

图 6-18 调整爆炸视图

6.2 材料明细表和零件序号

视频·
材料明细表

装配图中材料明细表与零件序号是必不可少的内容,在 SOLIDWORKS 中需要单独创建。

6.2.1 插入材料明细表

①打开素材文件 6.2.slddrw。

②单击工具栏中的"注解"→"表格"→"材料明细表"按钮,然后选择剖视图,打开如图 6-19 所示的"材料明细表"属性管理器,单击"表格模板"栏中的"为材料明细表打开模板"按钮,在出现的对话框中打开 gb-bom-material.sldbombt 表格模板文件,选中"表格位置"栏中的"附加到定位点"复选框。

图 6-19 "材料明细表"属性管理器

③单击"确定"按钮 ✓ 完成材料明细表创建,结果如图6-20所示。此时明细表太靠近视图,零件较多时甚至会与视图产生交叠。需要将明细表进行拆分放置。

6	GB/T 41—2016	螺母 M10	1	普通碳钢	0.011	0.00	
5	GB/T 95—2002	垫圈 10	1	普通碳钢	0.004	0.00	
4	HLZZ-03	芯轴	1	45	0.191	0.19	
3	HLZZ-04	滑轮	1	LY12#	0.096	0.10	
2	HLZZ-02	衬套	1	ZCuSn5Pb5Zn5	0.105	0.10	
1	HLZZ-01	托架	1	HT200(GB)	0.724	0.72	
序号	代号	名称	数量	材料	单重	总重	备注
				阶 段 标 记	质量	比例	
标记	处数	分区	更改文件号 签名 年月日		1.1301	1.2:1	低速滑轮装置
设计			标准化				
校核			工艺				
主管设计			审核				
			批准	共1张 第1张	版本		替代

图 6-20 创建材料明细表

④鼠标指向明细表,出现其属性管理器,右击表头任意位置,在弹出的快捷菜单中选择"分割"→"水平自动分割"命令,并将分割的最大行数设置为3,选中"水平文字对齐"单选按钮,如图6-21所示,单击"应用"按钮,结果如图6-22所示。

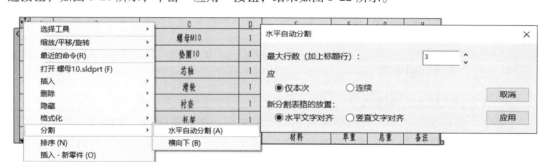

图 6-21 设置明细表分割选项

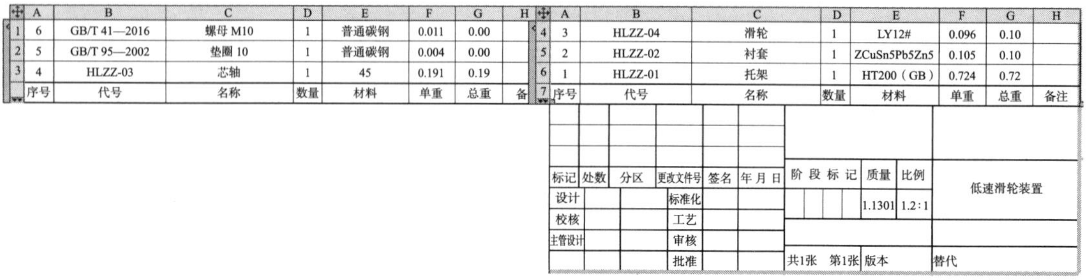

图 6-22 分割明细表

⑤单击左侧明细表左上角的图标 ⊕,移动该明细表到合适位置,如图6-23所示。

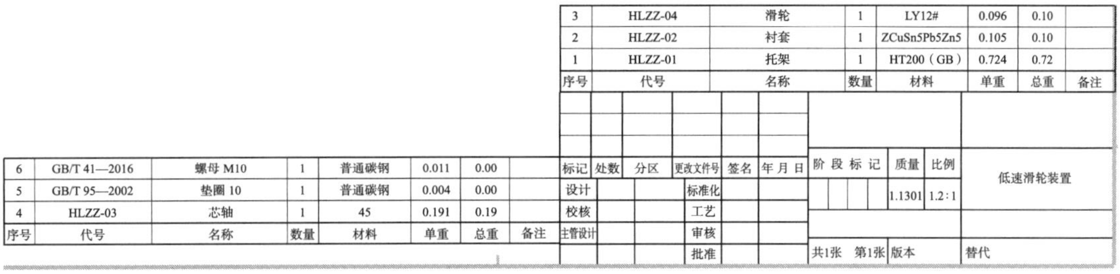

序号	代号	名称	数量	材料	单重	总重	备注
3	HLZZ-04	滑轮	1	LY12#	0.096	0.10	
2	HLZZ-02	衬套	1	ZCuSn5Pb5Zn5	0.105	0.10	
1	HLZZ-01	托架	1	HT200（GB）	0.724	0.72	

序号	代号	名称	数量	材料	单重	总重	备注
6	GB/T 41—2016	螺母 M10	1	普通碳钢	0.011	0.00	
5	GB/T 95—2002	垫圈 10	1	普通碳钢	0.004	0.00	
4	HLZZ-03	芯轴	1	45	0.191	0.19	

标记 处数 分区 更改文件号 签名 年 月 日
设计 标准化
校核 工艺
主管设计 审核
批准
阶 段 标 记 质量 比例
1.1301 1.2∶1
低速滑轮装置
共1张 第1张 版本 替代

图 6-23　整理明细表

⑥当需要合并表格时，可在属性快捷菜单中选择“合并表格”命令进行合并。

⑦单击明细表任意处，在其上方出现属性工具栏，如图 6-24 所示。单击按钮，更改表格标题位置，使其位于表格上方，再次单击，更换回表格下方。

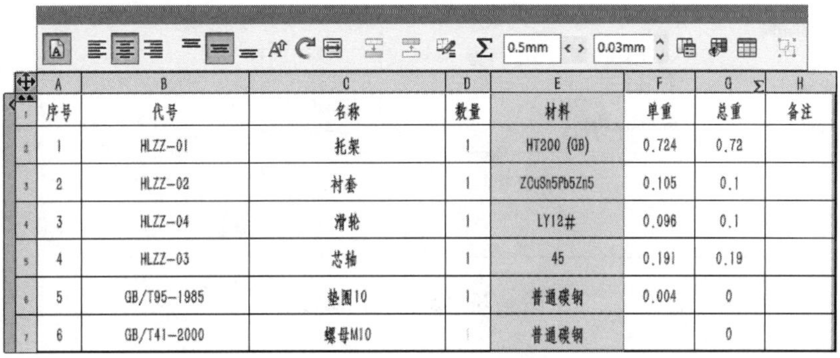

0.5mm
0.03mm

	A	B	C	D	E	F	G	H
1	序号	代号	名称	数量	材料	单重	总重	备注
2	1	HLZZ-01	托架	1	HT200 (GB)	0.724	0.72	
3	2	HLZZ-02	衬套	1	ZCuSn5Pb5Zn5	0.105	0.1	
4	3	HLZZ-04	滑轮	1	LY12#	0.096	0.1	
5	4	HLZZ-03	芯轴	1	45	0.191	0.19	
6	5	GB/T95-1985	垫圈10	1	普通碳钢	0.004	0	
7	6	GB/T41-2000	螺母M10	1	普通碳钢		0	

图 6-24　编辑明细表

⑧表中内容均来自零部件模型中的属性信息，当明细表中零件信息显示不全（见图 6-24，零件“螺母 M10”的“单重”缺失）时，可返回零件模型进行修改。打开文件“螺母 M10”，选择菜单栏中的“文件”→“属性”命令，打开属性管理器，单击“<键入新属性>”，输入“单重”，“类型”选择“文字”，“数值/文字表达”选择“质量”，单击“确定”按钮，如图 6-25所示。此时其评估值显示为 0.011，单位为“千克”。若显示 11，则是以“克”为单位显示，此时可在文件的“文档属性”对话框中进行修改。

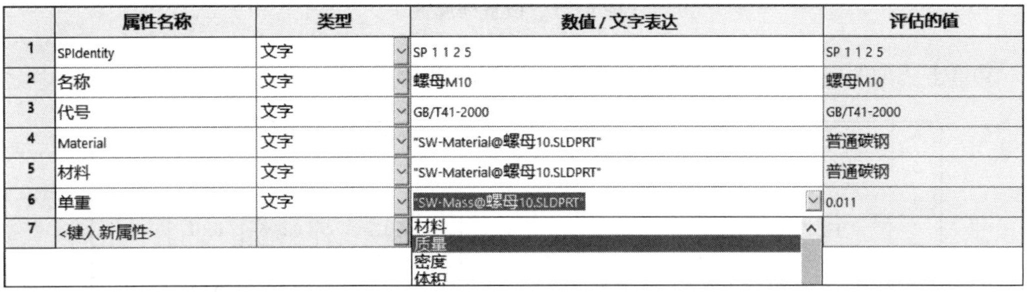

	属性名称	类型	数值 / 文字表达	评估的值
1	SPIdentity	文字	SP 1 1 2 5	SP 1 1 2 5
2	名称	文字	螺母M10	螺母M10
3	代号	文字	GB/T41-2000	GB/T41-2000
4	Material	文字	"SW-Material@螺母10.SLDPRT"	普通碳钢
5	材料	文字	"SW-Material@螺母10.SLDPRT"	普通碳钢
6	单重	文字	"SW-Mass@螺母10.SLDPRT"	0.011
7	<键入新属性>		材料 质量 密度 体积	

图 6-25　零件属性设置

⑨单击工具栏中的“选项”按钮，选择“文档属性”→“单位”命令，在打开的文档

属性对话框中"单位系统"选择"自定义",设置"质量"的"单位"为"千克",选择"小数"为".123"3位有效数字,如图6-26所示。单击"确定"按钮,完成文档属性设置。

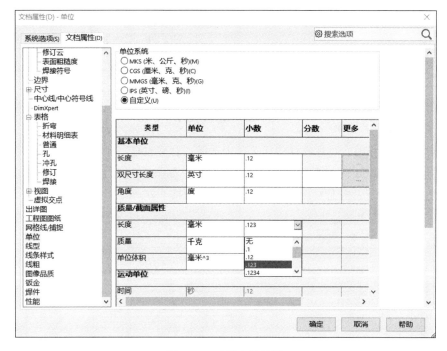

图 6-26 设置文档属性

⑩切换至装配图,选中明细表"单重"列,单击工具栏中的"列属性"按钮,打开如图 6-27 所示的列表,"列类型"选择"自定义属性","属性名称"选择"单重"。

注意:当"列类型"选择"自定义属性"时,下方的列表即为模型中自定义的属性清单。

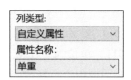

图 6-27 设置列属性

⑪单击装配图空白处,完成明细表更新,如图 6-28 所示。

6	GB/T 41—2016	螺母 M10	1	普通碳钢	0.011	0.00	
5	GB/T 95—2002	垫圈 10	1	普通碳钢	0.004	0.00	
4	HLZZ-03	芯轴	1	45	0.191	0.19	
3	HLZZ-04	滑轮	1	LY12#	0.096	0.10	
2	HLZZ-02	衬套	1	ZCuSn5Pb5Zn5	0.105	0.10	
1	HLZZ-01	托架	1	HT200(GB)	0.724	0.72	
序号	代号	名称	数量	材料	单重	总重	备注

图 6-28 明细表更新

⑫打开装配体文件"低速滑轮装置.SLDASM",再插入一枚"螺母M10",位置不限,保存文件后切换回装配图文件,此时明细表中"螺母M10"的数量更新为2,如图6-29所示。

6	GB/T 41—2016	螺母 M10	2	普通碳钢	0.011		
5	GB/T 95—2002	垫圈 10	1	普通碳钢	0.004		
4	HLZZ-03	芯轴	1	45	0.191		
3	HLZZ-04	滑轮	1	LY12#	0.096		
2	HLZZ-02	衬套	1	ZCuSn5Pb5Zn5	0.105		
1	HLZZ-01	托架	1	HT200(GB)	0.724		
序号	代号	名称	数量	材料	单重		备注

图 6-29 螺母数量更新

⑬明细表中的"总重"栏的值等于"重量"乘以"数量",此时需要用公式进行计算,选择"总重"列,单击工具栏中的"列属性"按钮,在打开的对话框中选择"列类型"为"方程式",如图6-30所示。单击Σ按钮,打开如图6-31所示对话框,删除对话框中原有内容,在下方的"自定义属性"列中选择"单重"后输入"*",在"列"中选择"数量"。

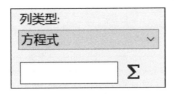

图 6-30 列类型设置

图 6-31 公式输入

⑭单击"确定"按钮 ✓ 完成公式编辑,结果如图6-32所示,螺母的总重已完成变更。

6	GB/T 41—2016	螺母 M10	2	普通碳钢	0.011	0.022	
5	GB/T 95—2002	垫圈 10	1	普通碳钢	0.004	0.004	
4	HLZZ-03	芯轴	1	45	0.191	0.191	
3	HLZZ-04	滑轮	1	LY12#	0.096	0.096	
2	HLZZ-02	衬套	1	ZCuSn5Pb5Zn5	0.105	0.105	
1	HLZZ-01	托架	1	HT200(GB)	0.724	0.724	
序号	代号	名称	数量	材料	单重	总重	备注

图 6-32 公式结果

⑮切换至装配体文件,删除后插入的"螺母M10"。

⑯完成的明细表内容与模型保持双向关联,在模型中的更改会反映到明细表中。在明细表中双击零件3的"代号"栏内容进行修改,会打开如图6-33所示对话框,单击"保持连接"按钮,将内容修改为HLZZ-03,此内容会同步关联至实体零件的文件属性。打开零件"滑轮",选择菜单栏中的"文件"→"属性"命令,其属性管理器中文件的"代号"已由HLZZ-04更改为HLZZ-03,如图6-34所示。单击"断开连接"按钮时,修改的内容与实体零件的文件属性相互独立,不再关联。若采用自行创建的零件进行装配,文件属性显示内容会有所区别。零件属性的相关内容参见6.4.4节。

图 6-33　编辑明细表提示

图 6-34　文件属性关联变更

注意：当明细表整列内容不需要时，可选中整列，右击，在弹出的快捷菜单中选择"删除"→"列"命令。

6.2.2　插入零件序号

视频
序号

插入零件序号前必须先插入材料明细表，这样才能将零件序号的调整自动反映在材料明细表中。以 6.2.1 节创建明细表后的装配图继续后续操作。

零件序号可以由绘图者单个插入，也可以由系统自动生成零件序号。

1. 插入零件序号

①插入单个零件序号。单击工具栏中的"注解"→"零件序号"按钮 ⓟ，打开如图 6-35 所示的"零件序号"属性管理器，在"设定"栏中设置样式为"下划线"，大小为"2个字符"，零件序号文字为"项目数"，然后在视图中依次单击图中各个零件，在空白处放置零件序号。此时插入的为单个零件序号。

 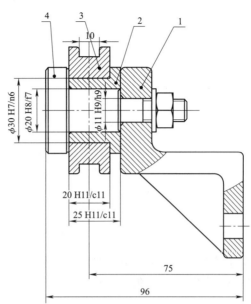

图 6-35 标注单个序号

②插入成组的零件序号。选择菜单栏中的"插入"→"注解"→"成组的零件序号"命令，属性管理器的设置不变，如图 6-36 所示。在视图中单击零件"垫圈"，在空白处放置零件序号，再次单击零件"螺母"，单击的零件序号将在原序后连续放置。

注意："成组的零件序号"命令默认没有出现在工具栏中，如果使用频率较高，可通过自定义工具栏将其放置在工具栏中。

 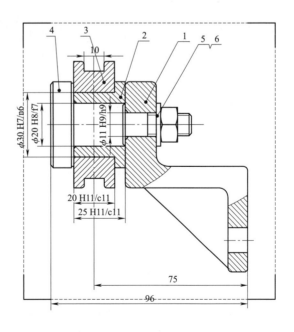

图 6-36 标注成组序号

③编辑序号。单击零件序号，拖动鼠标，将所有序号放置在一条水平线上。拖动鼠标时，系统会有默认黄色提示线，引导序号的放置位置，如图 6-37 所示。

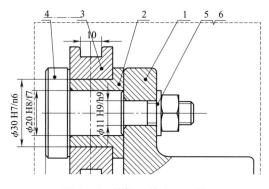

图 6-37 编辑零件序号位置

④单击图 6-36 中的序号"4"，在属性管理器中选择项目数"1"，序号变更为 1，如图 6-38 所示。此时材料明细表中序号 1 的内容也自动进行了调整，如图 6-39 所示。

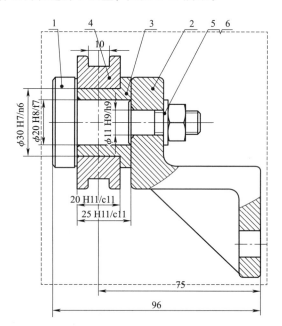

图 6-38 零件序号变更

6	GB/T 41—2016	螺母 M10	1	普通碳钢	0.011	0.011	
5	GB/T 95—2002	垫圈 10	1	普通碳钢	0.004	0.004	
4	HLZZ-04	滑轮	1	LY12#	0.096	0.096	
3	HLZZ-02	衬套	1	ZCuSn5Pb5Zn5	0.105	0.105	
2	HLZZ-01	托架	1	HT200（GB）	0.724	0.724	
1	HLZZ-03	芯轴	1	45	0.191	0.191	
序号	代号	名称	数量	材料	单重	总重	备注

图 6-39 明细表内容自动调整

⑤重复步骤④,将零件序号调整为图 6-1 所示顺序。

2. 自动零件序号

删除已标注的序号,以便后续操作。

①单击工具栏中的"注解"→"自动零件序号"按钮,打开如图 6-40 所示的"自动零件序号"属性管理器,在"零件序号布局"栏中设置阵列类型为"布置零件序号到上",引线附加点设置为"边线",其余与单个零件序号设置相同,然后在绘图区选择剖视图放置零件序号。

 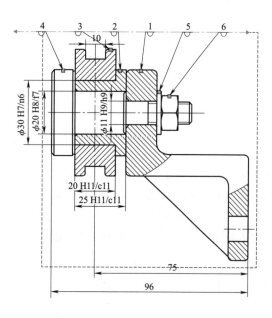

图 6-40 自动零件序号

②此时生成的序号是按零件的位置排列的,序号并不连续,需要连续的序号时可以单击视图,属性栏中出现"项目号"选项,选择"按序排列"选项即可,结果如图 6-41 所示。

 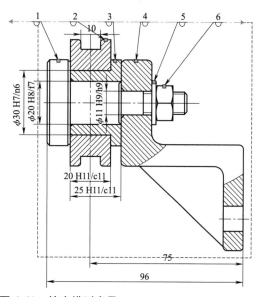

图 6-41 按序排列序号

③当序号重新排列后，明细表的内容也同步做了调整，如图 6-42 所示。

6	GB/T 41—2016	螺母 M10	1	普通碳钢	0.011	0.011	
5	GB/T 95—2002	垫圈 10	1	普通碳钢	0.004	0.004	
4	HLZZ-01	托架	1	HT200（GB）	0.724	0.724	
3	HLZZ-02	衬套	1	ZCuSn5Pb5Zn5	0.105	0.105	
2	HLZZ-04	滑轮	1	LY12#	0.096	0.096	
1	HLZZ-03	芯轴	1	45	0.191	0.191	
序号	代号	名称	数量	材料	单重	总重	备注

图 6-42　明细表的自动调整

④如果此时发现序号标注位置不合理，可以在属性栏的"阵列类型"中选择其他类型。

⑤单击"确定"按钮完成序号标注，结果见图 6-41。

6.3　标题栏和技术要求

装配图中除了一组图形、必要的尺寸、明细表与零件序号外，还需要添加技术要求、编辑标题栏。在 6.2 节完成的装配图上继续后续操作。

①编辑标题栏。右击装配图空白处，在弹出的快捷菜单中选择"编辑图纸格式"命令，双击文本框，输入标题栏主要内容，如图 6-43 所示。

									北方工业大学	
标记	处数	分区	更改文件号	签名	年月日	阶段标记	重量	比例		
设计	张明		标准化				1.130 1	1∶1	低速滑轮装置	
校核	王亮		工艺							
主管设计			审核						HLZZ-00	
			批准			共1张	第1张	版本	替代	

图 6-43　编辑标题栏

②单击"确定"按钮，退出编辑。

③撰写技术要求。单击工具栏中的"注解"→"注释"按钮 **A**，在图纸合适位置单击，输入技术要求内容，如图 6-44 所示。

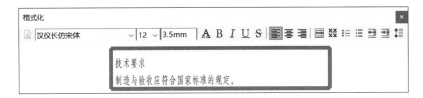

图 6-44　填写技术要求

④编辑技术要求。选中"技术要求",将其字号设置为"5",并居中放置,设置间距,如图 6-45 所示。

图 6-45 编辑技术要求

⑤保存工程图。

6.4 装配图实例——球阀

球阀是一种广泛应用于管路中,用来做切断、分配和改变介质流向的装置。本节绘制球阀的装配图,如图 6-46 所示。用户可以使用第 4 章练习中创建的"球阀装配体",也可以使用教材提供的素材文件。

6.4.1 创建基本视图

①打开素材文件"球阀装配体.SLDASM"。
②新建工程图,选择 gb_a3 模板。
③创建如图 6-47 所示主视图与俯视图。
④使用"断开的剖视图"对主视图进行剖切,第一次进行整体结构的大范围剖切,封闭的多义线包围主视图中除手柄末端外的所有结构,视图属性中"剖面范围"设置如图 6-48 所示。合理调整各零件剖面线。第二次进行阀芯部分的小范围剖切,封闭的多义线包围部分阀芯阀杆,视图属性中"剖面范围"设置如图 6-49 所示。使用草图工具添加阀杆平面的对角线,合理调整阀芯的剖面线。完成剖切的主视图如图 6-50 所示。

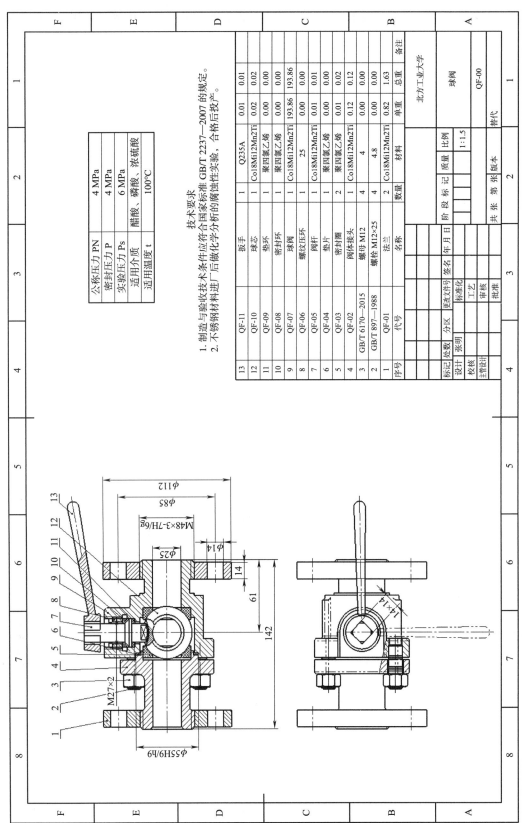

图 6-46 球阀装配图

第 6 章 装配图绘制

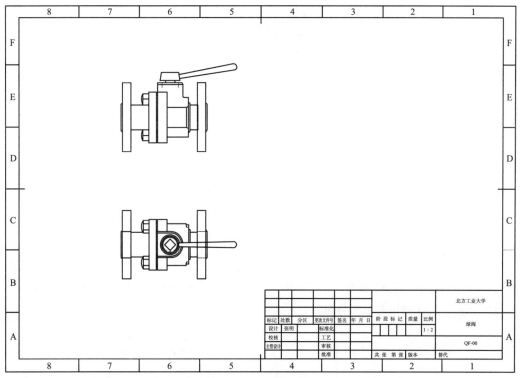

图 6-47 创建基本视图

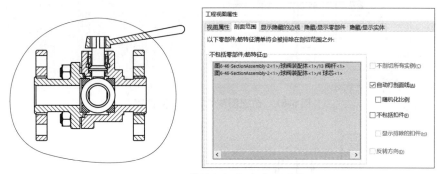

图 6-48 整体剖切剖面范围设置

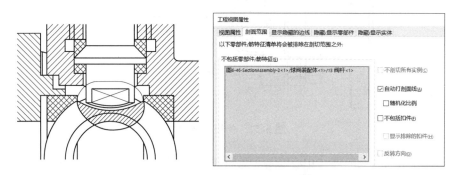

图 6-49 阀芯剖切剖面范围设置

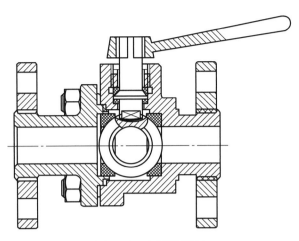

图 6-50　主视图剖切

⑤使用"断开的剖视图"对俯视图进行剖切，显示隐藏线，便于使封闭的多义线包围螺柱与螺母，视图属性中"剖面范围"设置如图 6-51 所示。调整阀体及阀体接头的剖面线，保持与主视图一致。完成剖切的主视图如图 6-52 所示。

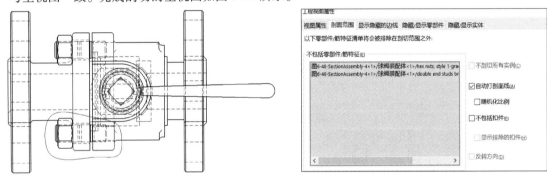

图 6-51　俯视图剖切剖面范围设置

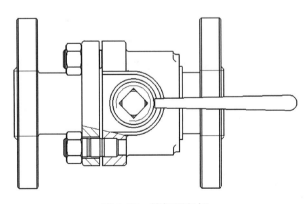

图 6-52　俯视图剖切

⑥使用"中心符号线"和"中心线"工具添加圆的对称中心线、孔的轴线等，并调整中心线、轴线的长短，结果如图 6-53 所示。

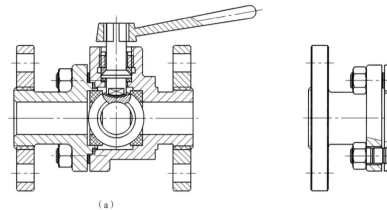
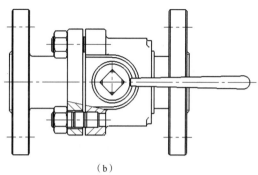

(a)   (b)

图 6-53 添加辅助线

⑦保存文件。

6.4.2 添加和使用零件配置

国家标准中规定,螺纹旋合处的剖视图按外螺纹绘制,主视图中两处法兰连接的螺纹线显示不符合要求,需要修改。为避免法兰螺纹连接处剖面线交叠,可修改法兰内孔为光孔,且孔径与阀体接头外径相等,将此结构用于装配体出图,法兰原来的结构用于其零件图出图,可正常显示螺纹线。这种同一零件所具有的不同的结构尺寸等特征,便是零件不同的配置。配置是 SOLIDWORKS 中一个重要的功能,它允许用户在单一文件中对零件或装配体模型生成多个设计变化。

视 频
添加和使用配置

为法兰添加不同配置的步骤如下:

①打开零件"6 法兰.SLDPRT"。

②在窗口管理器中单击"配置"按钮 ,右击文件名,选择"添加配置"命令,(见图 6-54),打开如图 6-55 所示的属性管理器,设置配置名称为"出装配图",单击"确定"按钮 。"出装配图"为当前被激活的配置。

图 6-54 添加配置   图 6-55 命名配置

③在窗口管理器中单击"设计树"按钮，将"螺纹"和"倒角"特征压缩，并在法兰中心创建φ48的"切除-拉伸"特征，如图6-56所示。

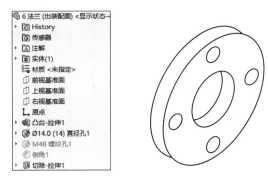

图6-56 为新配置编辑特征

④保存文件"6法兰.SLDPRT"。

⑤打开装配体文件"球阀装配体.SLDASM"，右击零件"6法兰<1>"，选择零件的配置"出装配图"（见图6-57），单击"确定"按钮✓。设计树中可以看出，零件"6法兰<2>"所用的配置仍为"默认"。

⑥保存装配体文件"球阀装配体.SLDASM"。此时，装配图中右侧法兰螺纹连接的显示符合国标，左侧没有变化，如图6-58所示。

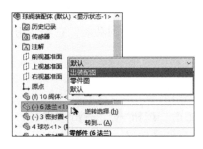

图6-57 选择配置

⑦将装配体中零件"6法兰<2>"所用的配置更改为"出装配图"，保存文件，切换至装配图，两处螺纹连接均正确显示，如图6-59所示。

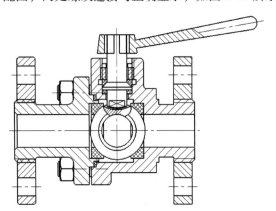

图6-58 螺纹连接显示对比

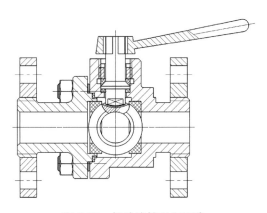

图6-59 螺纹连接显示正确

⑧零件可以有多种不同的配置,未激活的配置以灰阶显示,需要激活时,右击该配置,选择"显示配置"命令即可,如图6-60所示。

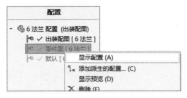

图6-60　激活配置

⑨保存文件。

6.4.3　尺寸标注

尺寸标注是装配图中的重要内容,包括性能尺寸、配合尺寸、安装尺寸、外形尺寸等。

①在前一节所保存的文件上继续操作,标注尺寸,结果如图6-61所示。

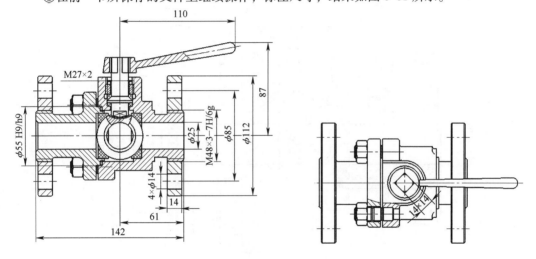

图6-61　添加尺寸

注意:添加时无法直接用系统标注的尺寸,如M48X3-7H/6g,可在其属性管理器中手动输入,如图6-62所示。

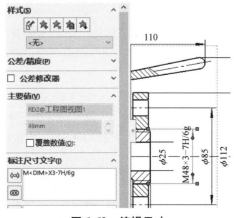

图6-62　编辑尺寸

②保存文件。

6.4.4 添加零件属性

零件的属性包括名称、代号、材料等多项内容，这些内容确定后，将会关联显示在明细表中。如前所述，用户可以通过赋予零件属性来填写明细表，也可以在明细表中编辑零件属性。在前一节所保存的文件上继续进行如下操作：

①使用"材料明细表"工具插入材料明细表。

②使用"自动零件序号"创建零件序号并顺序排列，如图 6-63 所示。对不合理位置进行编辑调整，此时明细表内容随序号的变动而变动，如图 6-64 所示。

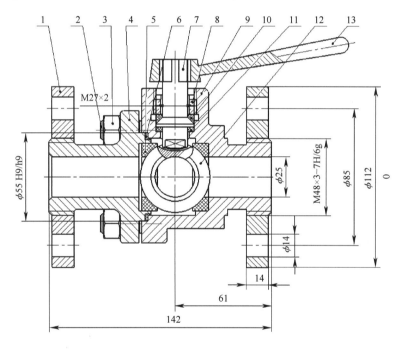

图 6-63　插入零件序号

③图 6-63 所示明细表中"螺母 M12"和"阀体"信息未能显示，需要进行编辑修改。若创建装配图时使用的是自行创建的球阀装配体，则明细表中空白选项可能会有所不同。均按后续步骤修改即可。

④从装配体中打开零件"螺母 M12"，选择菜单栏中的"文件"→"属性"命令，打开属性管理器，如图 6-65 所示。单击<键入新属性>，输入 material，"类型"选择"文字"，"值"输入"4"。相同步骤创建"代号""名称"两项属性并赋值。完成后单击"确定"按钮，保存并关闭文件。

⑤从装配体中打开零件"阀体"，选择菜单栏中的"文件"→"属性"命令，打开属性管理器，为"material""代号""名称"等输入如图 6-66 所示属性，单击"确定"按钮，保存并关闭文件。

13	QF—11		扳手	1	Q235A	0.01	0.01	
12	QF—10		球芯	1	Co18Ni12Mo2Ti	0.02	0.02	
11	QF—09		垫环	1	聚四氟乙烯	0.00	0.00	
10	QF—08		密封环	1	聚四氟乙烯	0.00	0.00	
9				1		193.86	193.86	
8	QF—06		螺纹压环	1	25	0.00	0.00	
7	QF—05		阀杆	1	Co18Ni12Mo2Ti	0.01	0.01	
6	QF—04		垫片	1	聚四氟乙烯	0.00	0.00	
5	QF—03		密封圈	2	聚四氟乙烯	0.01	0.02	
4	QF—02		阀体接头	1	Co18Ni12Mo2Ti	0.12	0.12	
3				4		0.00	0.00	
2	GB 897—1988		螺栓 M12X25	4	4.8	0.00	0.00	
1	QF—01		法兰	2	Co18Ni12Mo2Ti	0.82	1.83	
序号	代号		名称	数量	材料	单重	总重	备注
							北方工业大学	
标记	处数	分区	更改文件号	签名	年 月 日	阶 段 标 记	重量	比例	球阀
设计	张明		标准化					1:1.5	
校核			工艺						
主管设计			审核				QF—00		
			批准			共 张 第 张	版本	替代	

图 6-64　插入明细表

图 6-65　螺母属性

图 6-66　阀体属性

⑥切换至装配图，此时明细表中已显示完整信息，如图 6-67 所示。

13	QF—11	扳手	1	Q235A	0.01	0.01	
12	QF—10	球芯	1	CoI8Ni12Mo2Ti	0.02	0.02	
11	QF—09	垫环	1	聚四氟乙烯	0.00	0.00	
10	QF—08	密封环	1	聚四氟乙烯	0.00	0.00	
9	QF—07	球阀	1	CoI8Ni12Mo2Ti	193.86	193.86	
8	QF—06	螺纹压环	1	25	0.00	0.00	
7	QF—05	阀杆	1	CoI8Ni12Mo2Ti	0.01	0.01	
6	QF—04	垫片	1	聚四氟乙烯	0.00	0.00	
5	QF—03	密封圈	2	聚四氟乙烯	0.01	0.02	
4	QF—02	阀体接头	1	CoI8Ni12Mo2Ti	0.12	0.12	
3	GB/T 6710—2015	螺母 M12	4	4	0.00	0.00	
2	GB 897—1988	螺栓 M12X25	4	4.8	0.00	0.00	
1	QF—01	法兰	2	CoI8Ni12Mo2Ti	0.82	1.63	
序号	代号	名称	数量	材料	单重	总重	备注

图 6-67　更新明细表

⑦保存文件。

6.4.5　添加附加信息

除了前面已经添加的内容外，装配图中尚有参数表、技术要求、标题栏等内容需要添加。在前 6.4.4 节所保存的文件上继续进行如下操作：

①单击工具栏中的"注解"→"表格"→"总表"按钮，单击窗口右上角的"确定"按钮，在图纸合适位置单击，放置表格，表格默认为 2 行 2 列。右击表格左上角的，在弹出的快捷菜单中选择"插入"→"下行"命令，如图 6-68 所示。重复插入，编辑表格为 5 行 2 列。右击表格左上角的，在弹出的快捷菜单中选择"格式化"→"列宽"命令，设置列宽为 30 mm，如图 6-69 所示。

图 6-68　为表格插入行

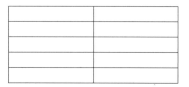
图 6-69　编辑表格

②双击各单元格，输入参数表内容，如图 6-70 所示。
③添加技术要求，如图 6-71 所示。

公称压力/P_N	4 MPa
密封压力/P	4 MPa
实验压力/P_S	6 MPa
适用介质	醋酸、磷酸、浓硫酸
适用温度/t	100 ℃

图 6-70　输入参数内容

技术要求
1　制造与验收技术条件应符合国家标准的规定。
2　不锈钢材料进厂后做化学分析的腐蚀性实验，合格后投产。

图 6-71　技术要求

④编辑标题栏内容，参见图 6-64。
⑤保存文件。

6.4.6 交替位置视图

装配图中有时需要表达零部件运动的极限位置，SOLIDWORKS 中可以用交替位置视图来表达。在 6.4.5 节所保存的文件上继续操作。其创建步骤如下：

①单击工具栏中的"工程图"→"交替位置视图"按钮，单击俯视图，打开属性管理器（见图 6-72），单击"确定"按钮 ✓，打开"移动零部件"属性管理器，在窗口中旋转手柄至竖直位置，如图 6-73 所示。单击"确定"按钮 ✓。也可以提前创建新的配置"极限位置"，将手柄配合在极限位置，并在图 6-72 中"现有配置"中选择它。

图 6-72 交替位置视图属性管理器

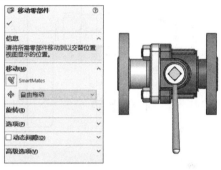

图 6-73 创建极限位置

②单击俯视图，完成交替位置视图创建，如图 6-74 所示。

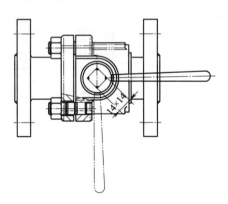

图 6-74 交替位置视图

图 6-75 编辑交替位置视图

③在设计树中右击交替位置视图，可对其进行常规编辑，如图 6-75 所示。
④保存装配体文件和装配图文件。

练习题

一、简答题

1. 装配图中主要包括哪些尺寸？
2. 使用"自动零件序号"时，如何让零件序号按顺序排列？

二、操作题

利用素材文件中的"钻模"相关文件创建"钻模"的装配图，如图 6-76 所示。

视频·
练习

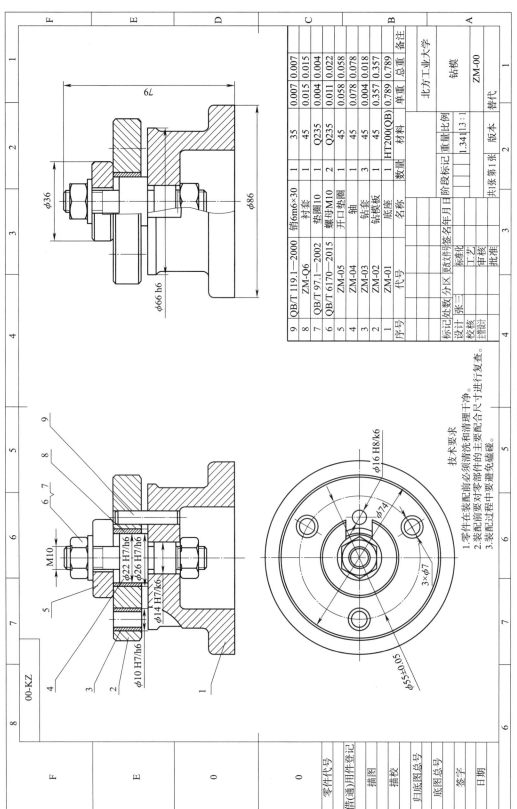

图6-76 "钻模"装配图

参 考 文 献

[1] DC SOLIDWORKSR 公司，戴瑞华．SOLIDWORKS 高级装配教程（2022 版）[M]．杭州新迪数字工程系统有限公司，译．北京：机械工业出版社，2022．

[2] DC SOLIDWORKSR 公司，戴瑞华．SOLIDWORKS 工程图教程（2022 版）[M]．杭州新迪数字工程系统有限公司，译．北京：机械工业出版社，2022．

[3] 严海军，肖启敏，闵银星．SOLIDWORKS 操作进阶技巧 150 例[M]．北京：机械工业出版社，2020．

[4] 赵建国，李怀正．SolidWorks 2020 三维设计及工程图应用[M]．北京：电子工业出版社，2020．

[5] 罗蓉，王彩凤，严海军．SOLIDWORKS 参数化建模教程[M]．北京：机械工业出版社，2021．

[6] 大连理工大学工程图学教研室．机械制图[M]．北京：高等教育出版社，2016．

[7] 李奉香．SolidWorks 建模与工程图应用[M]．北京：机械工业出版社，2022．